JN207518

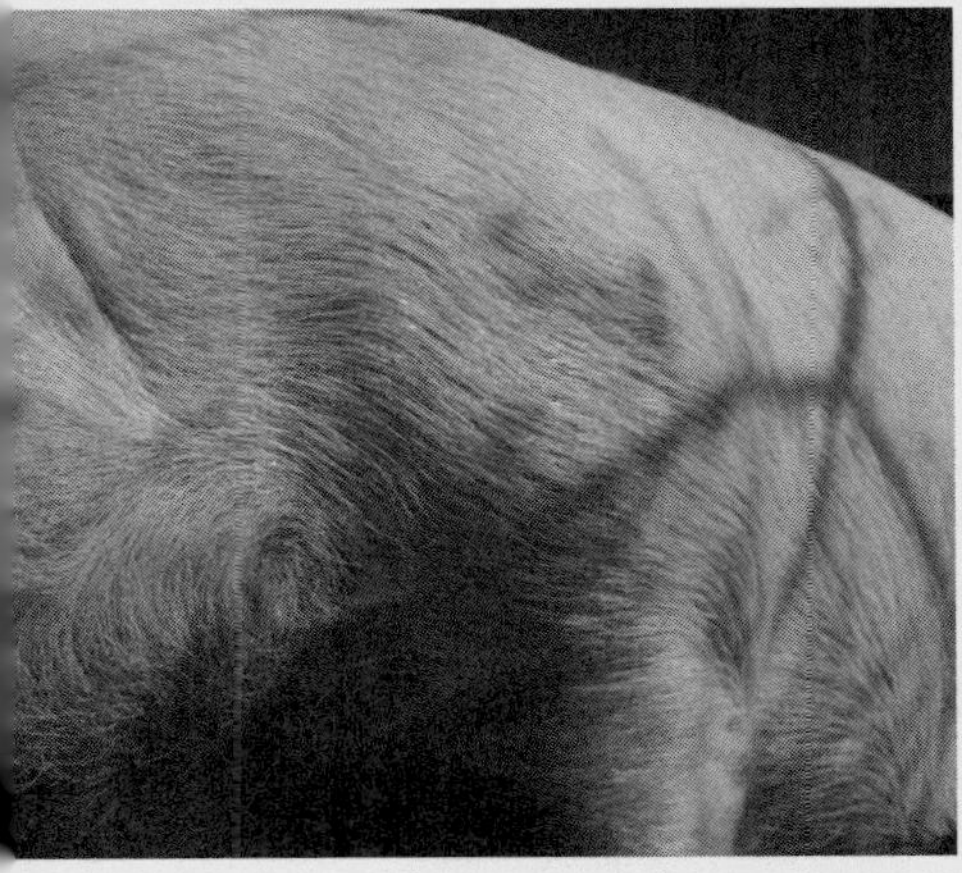

メメント・モモ

豚を育て、屠畜して、食べて、それから

八島良子

幻戯書房

table of contents

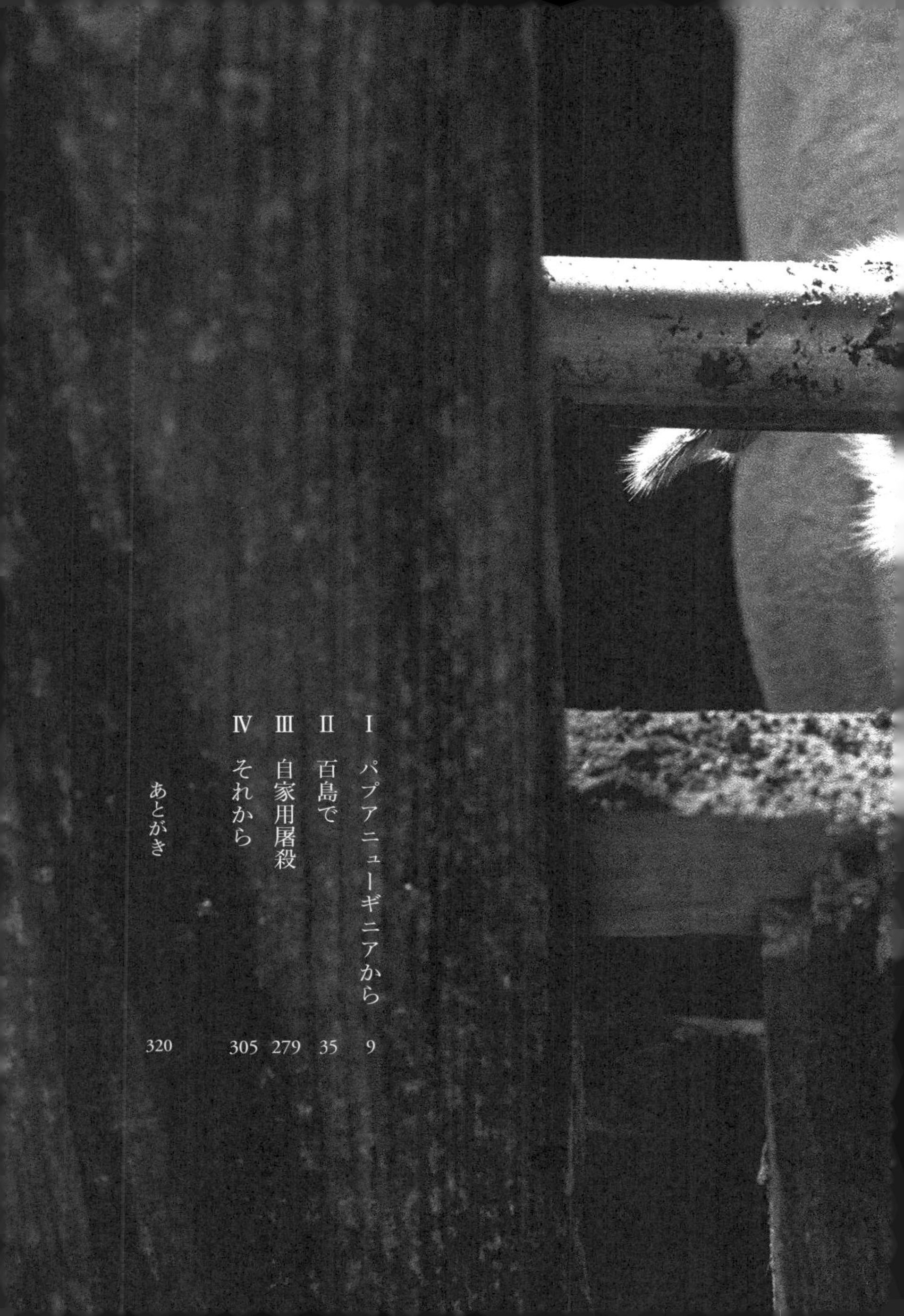

装丁　緒方修一
写真　著　者
木村奈央
池永朱里
大森崇史
池内美絵
漆原雅利

メメント・モモ

豚を育て、屠畜して、食べて、それから

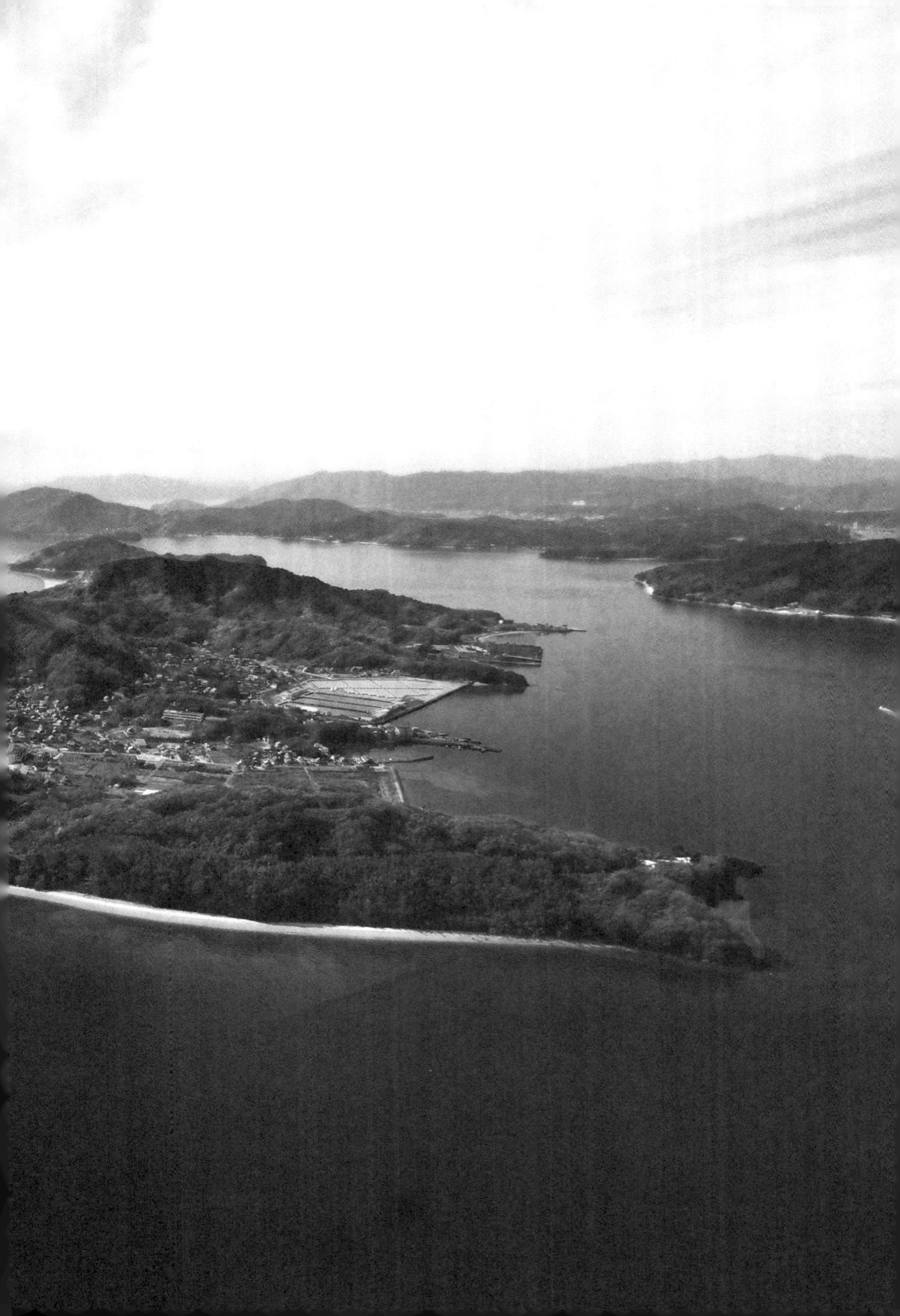

私はモモの父であり乳のでない母で、また一番の友であり 敵である……

I

パプアニューギニアから

2014年4月　パプアニューギニアへ

「どうせ忘れるんやろうなあ」

――これは、パプアニューギニアの恩人であるデカさんの口癖だった。


二十一歳。ぼんやりと長く、どうしようもない春休みも終わり。

わたしは美術大学の四年生になった。二ヶ月ぶりに歩く大学構内は、新入生のつやつやと弾ける希望に満ちた声が響き、就職活動の時期を迎えた学生はどこか大人びた顔をしていて、背筋を無理やり伸ばす空気が流れている。そんな少し肌寒い圧力から逃れたくて、校舎の隅にある喫煙所の木製ベンチに腰掛け、歩く人々が目の前を通り過ぎていくのを眺める。日々、授業や制作を抜け出して一人でコーヒーを飲むか映画を観て時間をつぶしていたわたしは、学業において真面目か不真面目かで言えば、間違いなく不真面目で、とにかく人と同じことをしたくない天邪鬼《あまのじゃく》、良く言っても反骨精神だけで息をしている阿呆な人間だったと思う。自分の将来が他人事《ひとごと》に思えてならないから、やりたくない仕事をするための就職なんてイメージ出来なかったし、大学院に進むという選択肢なんて一ミリも考えていなかったし、「アーティストになるんだ！」と意気込むことも特になかった。何かを決断できるほどの経験や自信がなかった。まるで脱皮不全を起こした爬虫類のように、捨て去るべきものを捨て去れず、徐々に末端から壊死《えし》していく、その瀬戸際だった。

*

東京の国分寺で三年ほど続けたアルバイト先の海鮮居酒屋に、不思議と物知りで愉快な、セキモトさんという中年男性の常連客がいた。多い時は週に三、四日は来ていたか。いつもカウンターの角に座って刺身をツマミに日本酒を飲み、普段は寡黙ながら、酔って気分が良くなってくるとわたしの方を見て、「髪型が南米のアマゾンに住むヤノマミ族みたい」とニヤニヤ笑ってくる。そして、たまに思いついたように薦めてくる映画や本、歴史の話が意外に面白く、なんとなくわたしはその人柄を信頼していた。

ある日のバイト中、カウンター越しにひっそりと静かなセキモトさんを見て、わたしはおもむろに話しかけた。

「もし旅に出るとしたら、どこがいいですかね」

すると、少し首を傾げながら、

「そうねえ……パプアニューギニアとか、いいんじゃない。未だ数百の部族が残っていて、魔女狩りまで行なわれているらしいよ」

そう言って、いつものようにニヤニヤしながら日本酒を啜《すす》った。

パプアニューギニアか――なぜか、その国名がしっくりきた。

家へ戻り、パソコンを開いて「パプアニューギニア」というキーワードを検索する。まず現れたのは、不気味な人面動物の大きな被り物をつけた「泥男《マッドマン》」と呼ばれる、全身が灰色の部族の写真。次に目に入ったのは、色鮮やかな装飾で着飾った黒い肌の人々と原始的な風景。

ニューギニア島は西部をインドネシア、東部をパプアニューギニアが領地としながら、その島に住む人々はマレー系ではなく、黒い肌と縮れ毛のメラネシア系、パプア人と呼ばれる人種であることに驚く。いつか観た、原一男監督の映画「ゆきゆきて、神軍」で日本軍がニューギニア戦の最中に食糧危機で食べた現地人を「クロンボ」と呼んでいたことを思い出した。そしてこの、人が人を食う「カニバリズム」は、なんとパプアニューギニア高地の一部の部族にとって儀式的な習慣であり、「クールー」（現地語で「震える」の意）という死に至る風土病まで発生したという。

近年でも複数人で死体を食べたという報道があり、昔話にはなっていないようだ。この「カニバリズム」とセキモトさんが口にした「魔女狩り」は繋がっていて、魔女の身体には超自然的パワーがあり、それを食すことで強靱な肉体を得られるという話まで見つけた。国の文化として日常的に黒魔術や白魔術が行なわれるパプアニューギニアでは、近年、「魔女狩り」を理由にした殺人に「死刑」が適用されるほど、多発するリンチや殺人が国の深刻な問題になっているらしい。殺人の内容は、公開処刑での斬首や火あぶりの刑など、酷く残虐だ。しかし、ジャングルの奥地にいる部族や、結束した村単位で行なわれる事件の発覚は難しく、また一九七〇年代に黒魔術をかけた者を裁く法律まで制定されるほど、法執行者や政治家ですら黒魔術を信じて恐れ、厳しく取り締まれないという記事まである。精神や思想と密着した文化であるがゆえのアンタッチャブル、タブーになっているようだ。病気や幻覚、妄想の治癒のため呪術に依存する反面、病死や事故死、蚊が媒介するマラリア、そして老衰でさえ呪いが死因だと考えられているのは、時代錯誤すぎて驚きが止まらない。このネット上の情報は果たして事実なのだろうか。陰謀論や未確認生物を確認したくなるような興味に溢れている。

あまりにも気になるので、早速、旅行情報を調べ始めた。しかし、日本語の渡航情報をほとんど見かけない。なぜか旅関係は極端に少なく、旅行会社のツアーや国際協力機構《ジャイカ》の派遣を除くと、日本からの個人渡航に関する情報は皆無だった。あるとすれば、欧米の旅行者がオーストラリア経由でトレッキングやダイビング、部族のショーに行ったブログが少々。現地滞在の行程を組むのはかなり難しそうだ。しかし、若さゆえの好奇心は、情報が十分ではないことこそが最大の魅力だとわたしを前向きにさせた。

ただ、おそらく一人では危険だ。そこで、以前「どこか一緒に旅へ行こう」と意気投合していた同学年のメイにパプアニューギニア行きの話を持ちかけた。新たな体験を求めていた彼女はすぐに関心を持ってくれて、二人でさらなる情報収集を始めた。そこで運良くパプアニューギニアへ渡航経験のある写真家の方に話を聞く機会を得て、渡航について相談すると、彼は高価なカメラを持ち歩くため常に現地ではボディガードをつけていたという。常にボディガードのいる旅なんて想像できないし、そもそもお金に余裕があるわけではないし、そこまで高価な機材も持って行かないし、心配しすぎると動けなくなるし……できるだけ安全な場所を探せば、きっと、なんとかなる……そんな甘ったるい考えで旅の準備を進め、部族が多いとされるハイランド地方の中でも大きな都市「ゴロカ」を目的地に設定。現地滞在は二週間と決め、毎週土曜のみ運行している成田からポートモレスビーへの直行便を往復で予約した。数ヶ月の居酒屋のアルバイトと節約で貯めた持ち慣れないお札の束を握りしめて、メイと二人で銀行の振込口に航空代金を投入した時の、あの汗で手に貼りつくお札の感触をよく覚えている。

広島に住む両親の心配をよそに猪突猛進で準備を進めたパプアニューギニアへの旅。成田空港でチェックインを済ませ、搭乗口の頭上にある液晶画面に表示された「ポートモレスビー」の文字を見ても、数時間後の自分たちの姿を想像することは出来なかった。

搭乗したニューギニア航空の機内は空席が目立った。乗客の大半は外国人が占めていただろうか。日本人はほとんど乗っていない。すでに場違いであるかのような空気を感じつつ、離陸後に出てきた機内食を摘《つま》み、メイと現地の情報を眺めた。パプアニューギニアの物価は高い。旅行者が少ないためか、ボロボロで一番安いゲストハウスも一日五千円以上はする。渡航費も高いため、バックパッカーが気軽には訪れられない。直行便があるにも拘《かかわ》らず日本人の個人旅行の情報が乏しい原因の一つに違いなかった。そんなパプアニューギニアの実情を自らの手で見つけて歩むことを使命にすら感じ、何が何でも現地の人とコミュニケーションを取って乗り越えるんだと意気込んでいた。

パプアニューギニアの公用語は英語で、ニュースや新聞も英語。共通語は「トク・ピシン」と呼ばれる現地英語《ピジン・イングリッシュ》だったが、ボディランゲージや絵を使えば、まったく通じないわけはないだろうと高を括っていた。魔女狩りも辺境の閉ざされた村で行なわれている情報ばかりで、大きな都市にのみ滞在すれば直接被害を受けるようなことは、きっとない。最悪の事態など想定していないわたしとメイは、約七時間のフライトを意気揚々と過ごし、首都のポートモレスビーに到着した。

簡素かつ少し暗い印象の空港内。二週間分の荷物をつめこんだ大きなリュックを背負って歩き、検疫の短い列に並ぶ。このゲートを通り抜けて国内線に乗り換えれば、数時間後にはゴロカだ。初めての土地に浮き足立つわたしとメイは、緊張を肌で感じつつも興奮を抑えられず冷静ではなかったと思う。そんなわたしたちに、同じ便に乗っていただろう日本人の男性二人が話しかけてきた。

「君たち、もしかしてバックパッカー？」

いわゆる旅のコミュニケーションの始まりだと思い元気よく笑顔で答える。

「そうです！」

ぎょっと目を見ひらく男性。

「……この国はバックパッカーなんて無理だよ。危険すぎる」

入国早々、出端《でばな》をくじかれた。

自分たちなりに情報収集はしたものの、甘い見積もりで、「大丈夫ですよ」とは言い切れないほど貧しい国。首都ポートモレスビーは、貧富の格差で増加した生活困窮者や失業者による強奪や殺人事件が絶えず、世界で最も危険な国だと言われることもある。家庭内暴力を含む女性への性犯罪も有名で、調べていた「魔女狩り」がヒートアップしたのも、女性を暴行することに罪悪感を抱かない男性が多い「風土」が原因だとされている。下調べの段階で危険な情報を目にすることは多かった。しかし、その大半が首都ポートモレスビーや山間部の田舎で発生していることから選んだ拠点が山間部の都市のゴロカ。ゴロカは、「ゴロカショー」という部族が集まる有名なフェスティバルが開催される場所で、その時期になれば欧米から部族のショーを見物するため多くの旅行客が訪れる。そのため比較的に現地情報があり、ほかの地域に比べて外国人に免疫がありそうな土地だった。わずかな日本語の情報でも、一人で狭い道を歩いたり、カバンの口を開けたまま放置したり、また高価な物品を露出するなど、犯罪を誘発しないよう注意すれば問題ない、と書いている人もいた。

しかし、ポートモレスビーを拠点に度々各地を訪問している彼らによれば、ビジネスでこの国に訪れる外国人は、必ず一泊一万円以上はする窓に鉄格子のあるホテルに滞在し、ボディガードがいない限り外出はしないらしい。基本的に移動は車で、現地の人間を伴わない外国人が徒歩で移動すれば早々に狙われてしまうそうだ。「この国でバックパッカーがのんびり歩くなど非現実的だ」とまで言われる。初対面にも拘らず、あまりにも心配されて恐怖を煽られるので、正直、何か騙されるのではないか……この二人を信じていいのか迷い、彼らの厚意を振り切ってメイと突き進むことも一瞬頭に描いた。ただ、その末路は、パプアニューギニアで日本人女性二名が行方不明というニュースになっていたかもしれない。今となっては、幸運だったことに平伏《ひれふ》すばかりである。

声をかけてくれた男性二人は、パプアニューギニアで建築関係の仕事をしている白髪で細身の優雅な七十代ぐらいの紳士と、愛想がよく物腰の柔らかい四十歳前後の通訳者だった。ポートモレスビーの空港内のビジネスラウンジに連れていかれ、交渉してくれたのかわたしたち二人も入れてもらう。ここなら問題ないといった風に落ち着いた様子で、どの地域を旅する予定だったのかと聞かれ、ハイランド地方のゴロカであることを伝えた。

「男なら放っておいたが、女性は犯罪に巻き込まれるリスクが高い。あと、一眼レフのカメラを持っているなら、それはすぐに強奪されるだろう」

紳士は眉間に皺を寄せながら、わたしたちの装備を見兼ねたように誰かに電話をかけた。

「日本から女性が二人きていて……ゴロカに行くというので面倒を見てやってほしい」

この電話口のやりとりを耳にして、途端に恥ずかしくなる。

「日本人の知り合いがゴロカにいるから必ず頼りなさい。そしてポートモレスビーに戻ってくる場合も、必ず私たちに連絡するように」

そう言って、紳士は電話番号をわたしたちに渡した。展開についていけないわたしとメイは、ただ頷くしかない。

「無事を祈る」

我が子を心配する親のような目で見送られながら、ゴロカ行きの国内線の乗り継ぎ口へと向かった。わたしとメイは放心状態で、しかしながら、ほとんど無計画だった旅に予想外の出来事はつきものだとすべてを飲み込み、プロペラ機に乗った。

およそ一時間のフライト。機内に日本人は見当たらない。わたしたち以外は、おそらく全員パプアニューギニアの人たちだ。一気に疎外感が襲ってきて、メイとの会話も小声になる。座席の収納に挟まっている緊急時対応シートの絵を眺めて、今後の展開に想像を巡らせることから逃避していると、あっという間にプロペラ機は着陸した。

機体の出口が開き、乗客の波に流されて外へ出ると、目の前には開放的な大地。少し曇った空はだだっ広く、心地よい風があり、薄いシャツだけで快適に過ごせそうな湿度と気温。コンクリート舗装の滑走路と芝生で整備された地面は日本の空港とあまり変わらなかった。ホッとひと呼吸して列に並び、出口方向へ歩いていく。すると空港を囲む頑丈な金属のフェンスが現れ、ぎょっとする数の人々が群がっていた。しがみつくように両手を金網にかけて、プロペラ機から出てきたわたしたちの姿を無数の大きな目が捕えて離さない。彼らは興味本位で見ているだけかもしれないが、どうしてもポートモレスビーでの犯罪の話が頭の中に広がる。乗客の列の先に空港出口のゲートが見えてきても、こうして現地の人々に凝視されている状況に足がすくんだ。すぐには空港を出ない方が良いかもしれない。他の乗客を盾にフェンスを覆う人々を警戒していると、その中に一人の日本人らしき男性の姿が見えた。彼はわたしたちを確認すると、軽く頷いてゲートの方を指さす。彼が紳士と電話していた人に違いなかった。恐怖が和らぎ、開いたゲートを早足で通り抜けると、ポロシャツに短パンでビーチサンダル、背の高い四十代ぐらいの男性が腕を組んで待っていた。

「ハラダ・デカですー。女性二人の面倒を見てほしいと頼まれたんやけど、あんたらか？　とりあえず、ついてき」

予想外の強い関西弁で驚く。しかし、この人について行けば安全に違いないと察し、歩き始めたデカさんの後をアヒルの雛のように追いかける。

近くに駐車されていた車に乗り込むと、

「これから地元のラグビーの試合やから、そこ行くわ」

そう言って、発進した。ラグビーは、パプアニューギニアの国民的スポーツらしい。

部族の衣装ではなく既視感のあるユニフォームを着たゴロカの選手たちの試合。その応援席は、現地の人たちで溢れかえっていた。デカさんと一緒に観戦するわたしたちの存在は目立つのか、物珍しそうにこちらを見てくる。しかし、その表情は優しく、一眼レフを取り出してレンズを向けると満面の笑みを浮かべてくれ、空港とは一転した穏やかな空気に安堵したわたしとメイは、一気に力が抜けて地面に座り込んだ。そんなわたしたちに、現地の子どもらしい一人の男の子が笑顔で近寄ってくる。上半身裸で緑色の鼻水を垂れながし、手足はガリガリに細く、お腹だけパンパンに膨らんでいる。これはパプアニューギニア特有の体型なのかとデカさんに尋ねると「この子は寄生虫にやられて腹にガスが溜まって気ぃ狂ってるから、関わらん方がええで」と返事がきた。想像していなかった答えに、子どもから目が離せない。

ラグビーの試合が終了したところで車に戻り、デカさんの自宅へ向かう。家に到着するやいなや、デカさんは缶ビールをプシュッと開けた。それをグイッと気持ち良さそうに飲んでひと言。

「で。あんたら、何しに来たんや」

と、怪訝《けげん》そうにわたしたちに聞いた。

その質問に、まともに答えられた記憶はない。無計画にバックパッカーとしてパプアニューギニアという国、部族の文化や魔女狩りが起こる土地を見たかったなどと答えるのは、能天気にも程がある。明らかに、わたしたちは警戒心の足りない子どもだった。大きくて長い溜息が聞こえる。

「あんたら、あほやなあ……しゃあないなあ……」

そう言って、デカさんはわたしたち二人の面倒を見てくれたのだった。

デカさんにはパプアニューギニア人の奥さんと、タイキ、ゲンキ、コウキという三人の息子、さらに養子の息子たちと娘がいた。これまでにも日本人が頼ってくることがあったようで、突然現れて共に生活を始めたわたしたちを、彼らは抵抗なく受け入れてくれた。

ある日には、ご馳走の鶏を買い、締め方を教えてくれ、地面の穴に焼き石を敷いてバナナの葉で包んだ鶏肉とさつまいもを蒸し焼きにする「ムームー」という料理を振る舞ってくれ、ある日には、デカさんの戸籍がある部族の村に一晩滞在させてもらい、葦《あし》で編まれた壁と草葺《くさぶき》屋根の家に住む子どもたちと深い闇夜を過ごし、またある日には、三人の息子たちが通う小学校で絵を教える機会をくれ、さらにある日には、「せっかく旅費が浮いてるんやから、国内線でも使ってハイランド地方にはない新鮮な魚を買ぅてきてや」と、海沿いの地域であるマダンの親戚や知人を紹介してくれ、サンゴの広がる美しい海でダイビングまで経験することができた。忙しい仕事の合間を縫っては、特産である珈琲の焙煎工場、野菜の市場、ゴロカ大学から街中のスーパーまで、あらゆる地域をボディガード付きで案内してくれ、どんなツアーも比べものにならないほど最高の経験をさせてもらった。まさに頭があがらないとはこのことだと、感謝と申し訳なさで押しつぶされそうだった。

　そんなデカさんは、毎晩帰宅すると冷蔵庫からビールを取り出して飲み始め、落ち着いたところで、「あんたらもっと考えて生きなあかんよ」とわたしたちを諭した。それは自身がゴロカに住み始めたきっかけ、子どもたちや奥さんのこと、パプアニューギニアの社会事情や問題点であったり、俯瞰して見えてくる日本という国のことであったりと、あらゆる側面で思考することを促した。こうした話の中で出会ったのが「豚」だった。

　パプアニューギニアにおいて、豚は「財産」。基本的に、豚は村全体で育てられ、特別な機会にのみ殺され、その場にいる全員で分けて食べる。しかし、理由がない限り、彼らが豚肉を口にすることはほとんどない。豚のためにサツマイモ畑を耕し、手塩にかけて育てるが、そうして増えた豚を日常的には食べない。それほど贅沢かつ大切に扱われる豚は、愛情や償いと交換できる生きた通貨として用いられているようだった。男性が女性を娶《めと》る際には、婚資として相応の豚を相手の家族に献上し、また、部族間で抗争が起きて片方の部族の人間が死んでしまった場合は、加害側の部族から死んだ数だけ人間を差し出して殺させるか、代わりに十分な頭数の豚を渡すことで和解が成立するらしい。争いの絶えない人間同士を結び、そして身代わりとなるような豚の存在は、わたしの価値観を大きく揺さぶった。

　実は、当時のわたしは肉を食べられなかった。十八歳の冬、旅先の見知らぬ土地で寒さと強い空腹に襲われ、ようやく見つけたお店が豚肉料理しか扱っておらず、気乗りしないポークステーキを頼んで口に入れた時、肉を食べることが嫌になった。舌や歯に伝わる肉の脂の弾力と特有の豚の臭い……それがまるでカニバリズムのようで、血肉がわたしの細胞と混ざって濁り淀んでいくような不快さに襲われた。これは宗教でも思想でも信念でも、身体的アレルギーや好き嫌いといった嗜好の話でもない。本能的な空腹を我慢してでも食べたくない精神的な拒絶だったと思う。この翌日から、わたしは手足を感じる鳥類と哺乳類の摂取を辞めた。今でも、なぜそこまで極端に行動したのかはわからない。ただ、日常で特に不便なことはなく、かえって生活コストは下がり、ベジタリアンにならないまでも、人間と近い構造を持つ動物の殺生に加担していないという心の軽さがあった。さらに、動物性タンパク質の摂取量が減ったことで腸内環境が改善されたのか、自身の汗などの体臭や便の臭いが全く気にならなくなり、身体が汚れていない真っ白なシーツのようで清々《すがすが》しかった。

しかし、集団行動となると、それなりに困った。友人との外食では肉のない料理を探し、どうしても肉を避けられない場合は、飲み物だけで済ませることもあった。初対面の人との食事では、なぜ食べないのかと聞かれる度に説明が面倒だった。

パプアニューギニアでデカさんたち家族から鶏料理を振る舞われた時は、意を決してひと口ほど食べてみるも、どうしても飲み込むことができず皿に吐き出してしまい、残りはメイとデカさんの子どもたちに食べてもらうことになった。こんな行動をするくらいなら、鶏を買うと言ってくれた時点で断ればよかったかもしれない。ただ、ご厚意に水をさしたくない気持ちと、実際には見たことのなかった屠畜というものに興味があった。

最初に「屠畜」という言葉に出会った時のことはなぜかくっきりと鮮明に覚えていて、中学生の頃、友人との会話の中で、これは大きな声で口にしてはいけない単語なんだと教えられた。口もとを手で隠し、内緒話をする時の、あの口腔内にのみ響く声。この言葉が動物を殺す意味だということより、言ってはいけない秘密の言葉を口にする高揚感に包まれた彼女の満面の笑みが記憶に焼き付いている。インターネットで調べれば大体の情報が得られる時代に、生々しい写真や動画なんていくらでも見られる。だから、屠畜という言葉との出会いから、わたしは生き物を殺して食べているのだと、それなりに理解していたはず。でも実際の屠畜に参加して初めて、命を奪うことに自分の感情がついてきていなかったことに気がついた。日の出とともに起こされ、日が沈めば眠ることを促される生活を送って、わたしは自分が動物だったことを教えられた。そうして、舗装されていない荒々しい大地を裸足で歩くゴロカの人々と過ごしていると、どうにも、靴で歩くわたしが服を着た家畜にしか思えなかった。この土地でデカさんに保護され、多大な迷惑と大きな負担を強いている状況の息苦しさ。親が与えてくれた衣食住に困らない平和な日本の生活がありながら、そうした平凡さから脱け出したいという生半可な反抗心。無作法な冒険が勇気だと勘違いしている自分は、何かを受け取るばかりで何も与えられない無用の長物だった。おそらくパプアニューギニアにおいては、豚一頭の価値すらないだろう。こうした悲しみは、ゴロカ滞在の最後まで続いた。そして誰かに助けられるたび、わたしは自分の足で立つことが出来ないのだと追い詰められていった。

怒濤の二週間が過ぎ、帰路へついた。

日本に到着したわたしは抜け殻だった。強制的な脱皮を繰り返した心は、芯まで剝ぎ取られて消えてしまったらしい。日常に戻っても、笑えば笑うほど身体に力が入らず、地につかない足は行き先を失い、重い頭は首ごと胃の中まで沈んでいく。夜になると天地が反転するような絶望に襲われ、鬱に陥る寸前だったのかもしれない。一挙手一投足のすべてに意味がなく、空虚だった。高い学費で有り余る時間を得て、価値のない人間が価値のない時間を過ごす無力感。身支度をして家から出ることすら億劫で、家にこもって天井を見上げ続ける。止まってしまった時計の針が日を跨いでいることに焦って走ると、下りのエスカレーターを上に向かって歩くような徒労を感じた。徐々に他者への配慮や感謝の気力も失い、自分の都合でしか動けないので優しい人々から縁を切られることも増えた。そんな事実を悲しむ余力すらなく、卑怯でだらしなく生きる自分への当然の報いなんだと、心の中で非礼を詫びることしかできなかった。どうしても自分の痛みにばかり耳を澄ましてしまう。

唯一、約半年後に控えた卒業展示だけが、わたしの精神的な救いになった。自暴自棄で内向的な思考を持ちながらも、作品制作という目的を通せば他者とコミュニケーションを取れることに気がついた。人と関わる機会をくれ、自分が何者であるかを知る術が芸術だったから、今でも制作を続けられているのかもしれない。そうして卒業制作に集中していると、あっという間に時は経ち、卒業展示が終わり、ありがたい賞まで貰うも、現実味が薄いままに卒業式を迎え、わたしは先の見えない社会人生活をスタートさせた。東京で友人とのシェアハウス生活、就職せず好きな喫茶店のアルバイトで生計を立て、数ヶ月の滞在制作に参加したり、作品をコンペティションに応募したら予想外に賞を貰ったりと、表向きは充実していたのではないかと思う。ただ、そうした自身の幸運を喜びつつも、結局、わたしは一体何がしたいのかわからなかった。東京が自分の居場所に思えなかった。生活コストが高い分、制作にはあまりお金をかけられず、不満は少しずつ積もっていく。都心の四畳半フロ無しアパートで何年も制作を続ける作家を見て、それは出来ればやりたくないと思ったし、金銭的なひっ迫が自分に良い影響をもたらすとも思えなかった。

そんな自分のあり方を模索する社会人として一年が経ったある時、先輩の作家に誘われて訪れた横浜のアートスペースで偶然に美術家の柳幸典さんと知り合った。わたしの作品を面白がって制作の手伝いに参加させてくれ、尾道が祖母の地元だと言うと、その尾道にある百島《ももしま》という離島に自分のスタジオ兼アートセンターがあるから来たらいいと誘われた。果たして、これは清流か濁流か。見分けもつかないまま、わたしは島流しになった。

2017年2月　百島へ

　大学を卒業して約二年後、草木の枯れた灰色の冬の最中に、わたしは広島県尾道市の離島の百《もも》島《しま》へ移住した。同じ広島県の江田島《えたじま》という島で育ち、島の生活が嫌で東京へ進学した人間が、また島という環境に戻ってきてしまった。百島は一周が約一〇キロ、人口は約四百人の小さな離島。六十代は若手と言われてしまう高齢社会で、過疎化した島内はかつて三千人いた名残で壊れかけた空き家だらけ。信号機のない島の、いわゆるメインストリートだった通りを歩いて、虫すらいない真冬の静まりかえった道に響くのは、自分の足音と吐いた白い息が消えていく音。寂しいなんて口にするのも馬鹿らしいほど孤独だった。いくら瀬戸内の島特有の空気に慣れ親しんだ経験があるとはいえ、よそ者だった。島の人はアートに興味のない人がほとんどで、たまにすれ違う島のおばあちゃんたちはわたしの顔を見ると「あんた、アートの子か？　あんたら、一体何しよるんか」なんて声をかけてくる。まるでアートの申し子みたいで笑ってしまったが、ようするにアートセンターは理解できないことをやっている謎の集団扱いされることが少なくなかった。そんな疎外感もひとしおで、引っ越してきた当初は自分が何をすべきかわからず、仕事も放り出して暖を取るべく日向《ひなた》に座り込み、風で擦れる枝の乾燥した音を聞きながら、これは努力を怠った自分への罰なんだと打ちひしがれていた。そうやってひと月ほど寒空の下で落ち込む日々を過ごしたところで春が来て、暖かくなると鳥のさえずりが聞こえ、緑も茂り、運転免許を取って自分の自由を確保しようと動けるまで回復した。やはり環境と時間は、動物の精神に多大な影響を与えるのだと思う。

スーパーもコンビニも飲食店もない島での生活は、週に一度の買い出しで購入した食材で自炊して、毎日同僚と食卓を囲む。団体行動で動く方が効率よく経済的で楽しかったし、そこに異論はなかった。ただ、相変わらずわたしは肉を食べなかったので、同僚が作った料理からは肉を抜くし、自分の調理には肉を入れない。理解のある周囲がわたしを責めることはなかったけれど、内心の居た堪《たま》れなさは拭えなかった。そしてある日、この呵責《かしゃく》に限界がきて、わたしは肉を食べることにした。集団生活においては、明確な理由のない拒絶より、居心地の悪さが勝った。生きる上で必要なのだと自身を言い包《くる》め、元は食べられていたのだからと意識を変えると、時とともに身体は慣れ、肉を食べること自体に疑問を持たなくなっていった。どこかに嫌悪を封印したのか、忘れたのか、徐々に肉の旨味も感じ、生活の不自由さも無い。

＊

気づけば百島に来て三年が経った。アートセンターの展覧会の企画や運営、ヤナギさんの制作アシスタントの仕事は、小さな島の活動にしては忙しく、随分、社会人として成長させてもらった。ただ、前向きに自分の制作が進まないことはストレスだった。東京や海外など都市部を中心とした速いサイクルに身を置く同世代の作家の飛躍を知りながら、一年、二年……と時間は過ぎていく。そうした流れとは一線を引いてゆったりと時が流れる百島にいる今の自分にできることはなんだろうかと、仕事終わりの重たい身体をベッドにのせて、ぼんやりと本を読むことが増えた。その中の一冊に、石角完爾《いしずみかんじ》の『日本人の知らないユダヤ人』という本があった。これは五十歳を過ぎてユダヤ教へ改宗した日本人のエッセイで、宗教観の薄い日本人の一人であると自認していたわたしが新たに宗教を持つとしたら何を選ぶだろうかと軽い気持ちで読み始めただけだったが、その教義の厳格さの内にある、豚に対するタブーが目に止まった。

ユダヤ教では、パプアニューギニアで愛される財産だった豚が、不浄な生き物として食すべきではないと謳われている。この教えが生まれた理由が気になり調べていくと、宗教発生地の環境的要因や食中毒などの考察が出てきた。中でもマーヴィン・ハリスの著書『食と文化の謎』には《……中東で豚を飼うのは、昔も今も、反すう動物を飼うのよりずっとコストがかかることなのだ。豚は、人工的に影をつくってやり、泥だまり用の水を別に用意してやらなければならず、その餌には、人間自身が食べられる穀物その他の植物性食物を入れてやらなければならないのだから。》とあり、豚が遊牧民などの一部の人間の生活に適さない動物だった可能性は高い。でも、それを理由に触ることすら不浄だとか、存在をタブー化するのはあまりに強引だ。結局、どれも豚を不浄とする理由として確立されてはいなかった。世界の人口の四分の一を占めるとされるイスラム教も豚はタブー。でも、同様にその理由は不明瞭だった。どちらも信仰上は神の言葉であり、啓示や教訓のため、明確な理由を必要としないそうだ。ただ一説には、厳格なユダヤ教徒ほど、こうした教えを反芻《はんすう》し、問答を繰り返すらしい。ならば、当然生まれる疑問のはず。「なぜ私たちは豚を不浄とするのか」と。そういえば、なぜわたしはあの時ポークステーキを食べて肉を拒絶したのか。自身の行動に疑問が湧いてきた。どうにも、この世の不条理の中心に豚がいる気がする。

……そうだ！　この離島なら、広々とした土地で豚が飼えるかもしれない。家畜として生まれた豚を育て、その運命に寄り添い、自らの手で殺して、食べる。限られた時間の中で、愛情と責任を持ち、その生と死に向き合っていく。これがアートなのか、それはわからないけれど、とにかく挑戦してみたい。自分の食肉に対する消化不良が人間と社会の歪《いびつ》さに繋がっていくことを宿命にも感じる。

犬や猫といったペットすら一度も育てたことのない自分が動物を愛せるのかもわからない。時間を共にした動物の肉を食べるために殺せるのか、殺した後に食べられるのかもわからない。でも、誰もが一度は想像したことのある痛みと、豊かさの象徴でありながらタブーの根源にいる豚をこの身で受け止めてみたい。その時の自分の感情や考えが知りたい。

不浄、貪欲といった嫌なイメージ、反面にある神の生贄としての犠牲、経済動物として人間に管理されて大量に生まれ育ち、大量に殺されて食べられ、ミニブタやマイクロブタといった愛玩動物《ペット》への品種改良、生理学的にヒトと類似していることで受ける様々な医療実験、人間に移植する臓器まで生み出す〝豚〟——今後の展開を想像して調べれば調べるほど、人間の業が詰め込まれている存在。好奇心と恐怖が脳内を入り乱れて、もう豚のことしか考えられなかった。わたしが百島にいるのは、このためだったんだ。

翌日、わたしは「百島で豚を育てる！」と周囲に騒いだ。酒の席だったからなのか、誰もが冗談に受け取って笑ったし、わたしも一緒になって笑っていた。

II 百島で

2019年

7月23日　火曜日　瀬戸牧場

初めての養豚場訪問。

百島から船と車で三十分。広島県福山市の人里離れた山の中にある牧場を訪れた。グーグルマップのナビが示す地点につくと、現れたのは山道に面した殺風景な入り口。本当にここなのかと半信半疑で、入り口脇の小さなスペースに車を停めた。外へ出ると、汗のベタつく蒸し暑さとともに強烈な動物の臭い。排泄物と食物が混ざったような、ウッと息を止めたくなる空気が逃げ場もなく充満している。雲に一面覆われた灰色の空には、この臭いに寄ってきたのであろう大量のカラスが飛び交い大合唱。先行きが不安なディストピア映画の始まりを彷彿させる異世界へ来てしまったようで怖い。事務所とおぼしき建物の方から歩いてくる食品業者らしき人に挨拶をして、ここで間違いないと確信し、入り口から延びた下り坂を歩いていく。道は石灰のようなものが撒かれていて真っ白だ。十字の分岐で足を止め、あたりを見回すも人の気配がない。坂道をさらに下った先には豚舎《とんしゃ》と思われる大きな屋根の建物が並んでいる。さて、どうしたものかと立ち尽くしていると、その豚舎の方から人が歩いてきた。一礼すると、事前に電話で連絡していたコバヤシ牧場長だった。想像より若い。養豚や食肉に関係ない部外者からの突然の連絡と訪問は、きっと不審に見えたに違いないが、「どうぞどうぞ」と親しみやすい雰囲気で事務所のソファに案内してくれた。着席したところで、間を置かずに要件を話すことに。ことばを濁しても始まらない。勢いのままに自己紹介、そして百島で豚を飼って食べる構想について話した。門外漢の妄言で不快に思われたらどうしようかとヒヤヒヤしていたが、「すごいっすね！ いやあ、自分には絶対できないっすわ」と、前向きに受け入れてくれたコバヤシ牧場長。「豚を一頭わけて欲しい」というお願いにも「いいですよ」と快諾。怒られることも考えていただけにホッと安心、懐の深さに恐れ入る。

早速豚を飼うことになり、今後のためにも牧場が抱える課題や、食肉における問題、豚《トン》コレラの話など、豚にまつわるエピソードを聞かせてもらう。養豚業は全体的に高齢化しており、後継がいなくて辞めてしまう生産者も増えている。輸入される安い肉との競合も厳しく、東アジアへの販売拡大なども視野に経営体勢を整えたいが、同時に豚を経済動物として扱うのは人間のエゴだとも感じる……何年たっても正解はわからない……そう多面的に話してくれた現場の思考は、とても示唆に富んでいた。多くの豚を管理し、育て、半年経ったら出荷する——この工程を幾度となく経験している人だからこそ、誰よりも豚のことを考え続けている。フードロスや動物愛護は、日常とは切っても切り離せない問題で、その話の熱量には建前ではない芯の強さを感じた。中でも、「豚が人に食べられるという役割を全うしてくれていることに、本当に感謝している」という言葉が、ずっと頭に残っている。

時には体調不良で死んでしまう豚、未熟児で看病しても育ちきらない豚もいて、人間と同じように個体差があり、発育具合や性格も違う。日本にも入ってきた伝染病「豚コレラ（豚熱《ぶたねつ》）」は、感染した豚すべてが殺処分になってしまう病気で、養豚場は強い警戒心と危機感を持っている。感染した豚の肉を食べても人間の健康被害はない。しかし、その人間を媒介に感染拡大してしまうため、ほかの豚を守る手段としての殺処分が法律で決められている。この殺処分は何千、何万頭にも及び、対応には自衛隊が派遣される。大量の豚の悲鳴を耳にし、その死体を運ぶ作業に関わった自衛隊員の中には、苦痛でＰＴＳＤを発症した人もいるとニュースになっていた。現場にいる誰もが、こうして出荷されることなく死んでしまう豚の存在が一番辛く、一頭でも救いたいと努力している。だから、瀬戸牧場に出入りする場合は他の牧場へは行かないで欲しいと頼まれた。各地の牧場を取材しようと考えていたけど、理由が理由だけに仕方ない。

十分に話を聞かせてもらったところで、牧場内も案内してもらえる展開に。ありがたい。専用の長靴を借りて、コバヤシ牧場長の後をついていく。長靴の消毒を指示され、常備されているのかプラスチックの容器になみなみ入った消毒液にぼちゃんと足をつける。その先にある扉に近づくと、強烈な排泄物の臭いが一段と増す。鼻からつきあげてくる刺激臭が脳にぶつかってクラク

ラした。蛍光灯に照らされた広い空間に長い廊下は、窓がないので全体的に薄暗い印象。廊下の左右には、わたしの胸あたり、一〇〇センチくらいの高さの鉄柵が立ち上がり、広い空間を何十という数に仕切って一、二畳程度の小さな部屋をつくっている。四人の監獄に見えなくもない。ここは生後一、二ヶ月の子豚と、出産前後の母豚の部屋。床は千鳥状に無数の穴が開いた鉄製のスノコで、糞尿はその穴《ボトン》を通って地下へと流れているようだ。子豚の甲高い「ピギギイ！」という鳴き声と、母豚の重低音が効いた「ブオオオー」という鼻息混じりの声がそこらじゅうから聞こえる。初めて見る豚の量に緊張しながら、コバヤシ牧場長の説明を聞く。生後二ヶ月以内は特に体温管理が重要なため、風から守った暖かい環境が用意されている。冷え対策で床には厚手のマットが敷かれ、直接触れて火傷しないよう柵の上部に固定された赤外線ヒーターは、子豚の身体を赤く照らして熱を降り注いでいる。離乳まで母豚は子豚のそばにいるが、その大きな身体で子豚を潰したり、産後にイライラして子豚を蹴飛ばしたり噛んだりして殺してしまうことがあるので、基本は柵で分けられ、授乳のタイミングでしか会えないようになっていた。

この子豚ゾーンを通り抜けると、親豚の部屋。ここは妊娠前後の母豚と純血種の精子を持つ雄豚がいる。母豚は自分の身体とほぼ同サイズの、妊娠ストールと呼ばれる柵に入れられている。転回もできないほど狭い柵は、動物福祉《アニマルウエルフエア》や動物愛護の重要な課題。この点について、コバヤシ牧場長によれば「毎日僕は豚を見ているけど、暴れたり、自傷行為をしたりしない。豚は苦しそうな反応をしないし、現に、柵の扉を開けていても逃げ出したりしない」とのこと。毎日管理して

いる人間の視点と、ストールがストレスになり健康に支障があるという事前情報に齟齬《そご》がある。どちらが正しいかなんて、わたしにはまだ判断できない。単に視覚的な話であれば、自由に動けないのは窮屈で可哀想だと思ってしまうし、同じ女性が妊娠のために閉じ込められているように見えなくはない。女という性を役割として、子どもを産むためだけに生かされ消費されているんだと自分に重ねると、かなりキツい。こうした投影が、フェミニズムとヴィーガンを協働させている部分もあると思う。でも、これは外の世界を知る人間という動物の観念であって、生まれてこの方ここにいる豚たちにとっては自由に動けるよりも、毎日十分に給餌され十分に眠る方が楽で幸せ、という場合もある。外敵から守られ、飢える心配もない。都合の好い環境に順応していくのは、ある点で自然淘汰を免れるには当然のことなのかもしれない。

この牧場は「母豚ファースト」で、牧場を支えてくれるお母さんたちを一番に考えていると熱弁するコバヤシ牧場長には、「ハナちゃん」という、どうしても出荷できない母豚がいた。出産が身体の負担になり、その役目を終えた「ハナちゃん」は、本来なら出荷されて肉になってしまうところが、この子だけは死ぬまで面倒を見てあげたいと、寄り添い続けているらしい。このハナちゃんもストールの中にいた。ここまで愛情を持っているのにストールに入れるってことは、本当に苦しくないのかな。頭が混乱する。ちなみに母豚は振られた番号の語呂合わせで名前を呼ばれたりしている。「87」番だったのかな、ハナちゃん。

とにかく、この妊娠ストールに入った母豚は、二十一日周期でやってくる発情に合わせて交配、妊娠後はある一定期間をおいて、出産用の分娩ストールへ移動する。雄のフェロモンで母豚が発情しやすくなるそうで、雄は柵で区切られてはいるが常に母豚の隣で過ごす。こうして母豚は、平均で年に二回出産する。そして四、五年で身体が出産に耐えられなくなると出荷される。これは種豚《たねぶた》と呼ばれる雄豚が生殖能力を失った場合も同じだ。成熟しきっているので肉質が固く、雄は特有の臭みも強くなるようで、ミンチやソーセージなどの加工食品にされるらしい。今後スーパーで見る度に母豚と種豚を思い出しそうだ。種豚の雄の方が母豚の一・五から二倍は身体が大きく、転回できる大きさの柵に入っている。そういえば、母豚でも複数頭が広い柵に入っているところもあった。妊娠ストールと使い分けているのかもしれないけど、聞きそびれてしまった。

親豚のいる部屋を抜けると、最後に肉豚ゾーン。ここだけ屋根付きの屋外になっていて、五〇メートルは延びていそうな大きな柵が三、四つ。この中に数十から百頭以上の豚がいた。地面にはたっぷりの土と藁《わら》があって、元気に走り回っている。臭いに慣れてきたのもあるかもしれないが、屋外になって風も通り抜けて幾分か空気がいい。肉の旨味は、運動した豚の方が格段に上がるそうで、生後三ヶ月から出荷体重になる半年をこの場所で過ごす。これまで見た豚たちより、はるかにイキイキとして見える。みんな泥だらけになって、液状の餌が出てくると凄まじい勢いで食べている。餌は、食品工場から出るロスと豚用飼料を混ぜたもの。どこか甘い香りで、乳酸発酵しているようだ。コバヤシ牧場長が柵の中に入ると、豚たちは一斉に群がり、鼻先でつついて好奇心旺盛な仕草。豚たちを撫でまくるコバヤシ牧場長は笑顔で、幸せそうに見えた。それは

一見、豚同士も仲睦まじく平和に思える牧場風景だったが、やはり動物同士、当たり前だが喧嘩もするようで、よく見ると耳や尻尾を嚙み合ったり突進したりと、死闘を繰り広げている荒々しい豚もいる。豚の上に乗っかっている豚もいて、上下関係を表しているんだとか。闘いに負けると虐《いじ》められて、ご飯をまともに食べられず衰弱してしまう豚は別の場所に保護して育てなければならない。どの種も生存のためには死に物狂いだから、強者と弱者が生まれてしまう。

子豚の部屋に戻り、豚の扱い方を学びながら何匹か抱かせてもらった。動き回る子豚を捕まえる時は耳か尾を持って引き寄せ、胴体をすくうように持ち上げる。豚の前足は脱臼しやすいので引っ張ってはいけない。まずは生後一ヶ月の子豚を肩に抱く。一人で立ち上

がれるようになった人間の赤ちゃんくらいのサイズだろうか。とても落ち着いていて、肩や腕に伝わる体温と感触は夢心地。顔に対して目も大きくて、ぬいぐるみのような可愛いさ。代わる代わる抱かせてもらうと、肌の色もそうだけど、顔つきが違うのもなんとなくわかる。そして次に、手のひらに胴体がおさまってしまうほど小さな赤ちゃん豚。持っているこちらが不安になるほどか弱く、脆《もろ》い印象。力加減を間違えたら握りつぶしてしまうのではないかと、おそるおそる抱く。この心許ない手が相当不安だったに違いない。この後、わたしは大量のおしっこをかけられた。

8月20日　火曜日　瀬戸牧場

二回目の養豚場訪問。

朝五時半、「とにかく清潔に」とコバヤシ

牧場長から指示があり、家でシャワーを浴びて出発。牧場に到着したら、従業員専用の部屋に案内してもらい、上下専用のジャージに着替え、長靴とビニール手袋を借りて牧場内へ。今日は肉豚の群れの中に入れてもらう。二回目でも場内の臭いはキツく感じたが、慣れるのは早かった気がする。

豚の群れの中に入ると、全く警戒されることもなく、わんさかと子豚たちが集まってくる。豚はビニール素材が好きなようで、長靴にむしゃぶりついてくる。また、ビニール手袋を付けた手をパクパクと口に入れる。最初は噛まれると痛いのではと怯《おび》えたが、手加減された甘噛みは豚の上顎《うわあご》と舌で手のひらを上下から生温かく包み、唾液でぬるっと程良い圧迫感。そうしたフェチシズムが生まれそうなほど、特殊な気持ち良さである。

彼らは生後三ヶ月の豚だったかな。もう突進されるとかなり痛い。鼻でグイグイと身体を押されると、身構えてなければ押し倒されそうだ。けれど、藁と土の中でたくさんの豚と戯れるのは本当に楽しい。こんなに泥だらけで遊ぶなんて、小学生以来かもしれない。

たっぷり肉豚と遊んだ後で場内を牧場長と歩いていると、体調不良で今晩が山場かもしれない雌豚がいるというので様子を見せてもらう。建物の一番端にある柵の中で大きな身体をぐったりと横たわらせ、小さな呼吸で眠っているその豚は、知識のないわたしが見ても明らかに具合が悪そうだった。豚の首元に何かの注射を打ち、身体を優しくさする牧場長。その姿からふと視線を横に移すと、肉豚と思われる中型の豚が倒れて死んでいた。

重い足取りで豚舎を出る。場外の道は舗装されていなくて、昨日の雨でぬかるんだ地面は気を抜くと滑って転《こ》けそうで、足元ばかり見ながら歩いていると、豚舎のそばにある深い堀が視界に入った。何か乳白色と茶色の細い実のようなものが、底の方でぎゅうぎゅうに敷き詰まっている。よく見ると、それは大量のうじ虫だった。思わず、小さく嘔吐《えず》いてしまう。漫画『はだしのゲン』の被爆者のやけどに湧くうじ虫の描写が目の奥に広がった。この深い堀は、おそらく室内にいる豚の排泄物を一時的に溜めている便槽、もしくは清掃の時などに出た汚水の貯水槽だと思う。なぜか見てはいけないものを見た気分になり、牧場の人たちに話を聞けなかった。でも、よく考えれば当然の景色だったのかもしれない。大量の豚がいれば、大量の排泄物が出る。それは消えてなくなるわけでもなく、管理している人間が掃除して処理している。養豚は、排泄物と向き合う職業なのかもしれない。自分が育てる豚の排泄物をどうするか、しっかり考えなくては！

8月21日　水曜日　マエダポーク

今日は屠畜場を訪問。

瀬戸牧場が屠畜解体を依頼している兵庫県たつの市の屠畜場へ取材をお願いしたところ、承諾してくれた。前日にかわいい豚たちと戯れたので、屠畜を直視できるか不安。それでも、あえてこの日程にした。これで無理なら、この計画はやらない方がいい。付き添いで来てくれた作家のイケウチさんと同僚のニシオくんに揺れ動く心情をブツブツと吐露しながら、八時半に屠畜場へ到着。

スッキリとしたオフィスへ入ると、マエダポークのマエダ社長にご挨拶。小柄で優しそうな女性だ。入場用に真っ白な衛生服、マスク、帽子と長靴まで用意していただいて、貸してもらうことに。屠畜は作業員が常に緊張状態にあるため撮影は不可。精肉工程のみ許される。

まず、豚の搬入路へ案内された。搬入路前の道には巨大な水溜まり。感染症対策で搬入車両を清掃する消毒液らしい。歩き進むと、わたしの腰高ほどのコンクリート塀が迷路のように組まれた通路が現れた。この通路の最後はトンネル状に切り替わり、隣の部屋へと繋がっている。壁越しから「ギャーーーー！」豚の絶叫が聞こえる。屠畜自体が見えず、悲鳴だけが耳に入ってくる状況は、めちゃくちゃ怖い。ぞわりと身の毛がよだち、心臓が強くしばられる。

「じゃあ、行きましょうか」

マエダ社長に屠畜の部屋へと案内される。天井が高く奥行きもあるのに狭い印象の室内には、止《と》め刺《さ》しとその処理に五名、内臓出しに一名、内臓の洗浄に二、三名、頭を落とすのに一名、検査員一名、皮剝ぎに二名、背割りに一名がいたと思う。見えない奥にはもっと人がいたかもしれない。そこで目撃した実際の屠畜は、プロフェッショナルな手捌《さば》きが見事としか言えなかった。豚の悲鳴が一つの環境音に成り下がってしまうほどテンポ良く瞬間的なスタンガンによる失神、的確に首を刺して放血し、手足などの部位を素早い刃捌きで切り取られた豚は、電動チェーンブロックに足を吊られレールに沿って流れていく。血抜きしながら洗浄ゾーンへ運ばれ、綺麗にな

ったところで腹部を開いて内臓をペロリと出し、あわせて頭を取る。病気にかかっていないか内臓や身を検査員が確認して、ハンディタイプの小さな丸ノコに似た円板状の刃物が高速回転する電動ナイフで両側面の皮を剝《む》き、巨大なロール状の機械で全身をクルッと一回転させて背の皮を丸ごと引き剝がし、これまた巨大なチェーンソーのような機械で真二つに胴体を割ると枝肉にな

り、そのまま冷蔵室へ運ばれて一日ほど寝かされる。肉の熱を取り冷やすことで脂肪が固まり、解体しやすくなるそうだ。工程は完璧な流れ作業で、すべてを見届けるにはあまりにも早過ぎる。吊られた状態で目の前を通過していく豚たちは、悲愴感よりも無機質さが勝っていた。

冷蔵室へ運ばれた豚たちを追いかける。電動レールのラインをなぞるように進むと、蛍光灯の青みが強い空間に大量の枝肉が現れる。ほぼ同サイズで同形状の肉の姿は、大量生産される工業製品とさして変わらない印象。ひと晩の冷蔵で表面が乾燥し、ぎゅっと引き締まった身と脂肪は、これが製造物であると言い切り、わたしの同情を素っ気なく突き返す。

静粛で時間が止まったような空気の冷蔵室から、暖色の明るい部屋へマエダ社長に案内された。解体と精肉の部屋だった。ざっと十人程度の方が作業していただろうか。胴と足を切り離す人、背骨を外す人、肋骨にナイフで切れ込みを入れる人、その肋骨を電動の機械で抜く人、足から肩甲骨や骨盤を取る人、無駄な背脂を綺麗にトリミングする人……役割分担で流れてくる肉に加工を施して、次へ次へと作業台の中央に敷かれたベルトコンベアに乗せていく。最後、部位ごとに切り分けられた肉がラップに包まれて、ダンボール箱の中に詰められていった。

屠畜、解体と精肉の工程を含めてある種のカタルシスがある。映像や写真、文章など、あらゆる媒体で屠畜を扱うものは多くあるけれど、作者の視点、意図的な切り取りがないと別物だった。ヴィーガンや動物愛護の人が感化されている映像や情報は、動物がもがき苦しみ、トラウマになるような絶叫と表情、劣悪な環境で動物を無下に扱ったり虐待したりするような人間の暴力性が

モニター越しに殴りかかってくるような作品が多い。逆に畜産関係や食育から生まれた作品は、動物に対する農家の愛情やその尊さにフォーカスするか、もしくは屠畜業という職の労苦と重要性が中心で、不快なシーンはあまり見せない。屠畜のように倫理に関わる行為ほど、どうしても取り扱う者の思想や考えが混ざり込む。他者のファインダーは、いくら無色透明のガラスに見えても人の息で伸ばされた大正ガラスの如く波打って、光の歪みが景色を曲げてしまう。だから、どうしても自分の目で見なければならなかったし、そもそも自分が受け入れられるのかを知る必要もあった。

場内の見学のあとは事務所に戻り、マエダ社長から屠畜場の現状を伺う。誰もやりたがらない仕事、部落差別の名残《なごり》、自転車操業の工場運営は統廃合に直面していて世知辛い。以前は月に二千八百頭を屠畜していたのが、いまは二千頭。屠畜の価格は全国的な相場があり、なんと一頭は千円程度。解体は千円以下。屠畜検査員による検査料を含めても締めて二千円少々。この単価を上げることが出来ないため、収入を維持するには屠畜頭数を増やすしかない。しかし、国内生産の肉の消費量は落ち込み、高齢化を機に廃業する養豚場が後を絶たず、屠畜数は減る一方。屠畜現場の衛生基準は上がり続け、数年に一度の設備検査をクリアできなければ休場しなければならず、改正された基準に合わせて工場を改修する必要があるので銀行からの借入で補塡、その返済ばかりに追われて経営は苦しい。養豚業者に対してはあらゆる補助金があるのに、屠畜業者にはそうした補助金がほとんどない。わずかな補助も、対象とされる範囲は狭い。人手も足りず、ほとんどの新人はすぐに辞めてしまい、大体残るのは短期の海外の技能実習生。もしくはパートやアルバイトで、介護や子育てをする女性が根気良く続けてくれるそうだ。まれに長期で働き、ようやく技能が身についたかと思えば、結婚を機に屠畜という職業のマイナスイメージを恐れて退職してしまう。地方の屠畜場の多くは被差別部落だった地域に存在し、未だにそれを禍根に思う人が少なくないようだ。兵庫県に助けを求めても、県内には民間の屠畜場が三軒あることから、どうやらこれらの統廃合を待たれているようで親身になってくれず、また、ハローワークが紹介してくる中学校卒業の学力に届かない知的障害者の指導にはより丁寧に向き合い、どうしても時間がかかってしまうといった苦労も絶えないのだとか。最近では国会議員に嘆願して現状を視察してもらうなどしたが、理解を示す以上の対応は、まだ見えてないという。

日々スーパーなどに並ぶ大量の肉の処理加工は、電気や水道のようにライフラインの一つと捉えていた。実際には、地方の屠畜場は息を切らしながら必死で社会にしがみつくような状況で、「生産者の顔」として表に出ることのない「屠畜」という職業にどうやって光を当て、偏見を無くそうかと奔走している。正直、屠畜見学以上に現場の生の声が印象深く、常に笑顔を保ちながら話を続けるマエダ社長の姿を見て、神経が押しつぶされそうだった。

この日の昼食は、マエダポークで処理されたポークステーキを食べに行った。いつもより、歯ごたえを感じた気がする……。

昼食を済ませても帰りのフェリーまで時間が余ったので、少し足を延ばして姫路セントラルパークのサファリへ行ってみた。車で園内に乗り込むドライブスルーサファリは、人間が管理する開放的な動物の世界の中を檻に入った人が移動する。広大な敷地で優雅に寝転がっているライオンの前を通り過ぎながら午前に見た屠畜場を回想すると、この世界で同時に存在していることが不思議だ。何が自由なのかわからない。

＊

12月4日　水曜日　瀬戸牧場

母豚の交配に行く。育てる豚は、最初の精子の状態から追いかけてみる。

現在の瀬戸牧場は、雄豚の生殖能力が弱まっており、また近親交配を避けるため、定期的に外注の精液で人工交配している。点滴のようなケースに入った液体は複数頭の精子が混ざっている。そのため、父親がどの豚なのかは、わからない。ただ、生まれる予定の豚は、すべて三元豚《さんげんとん》（LWD）だと決まっている。母豚が「ランドレース」（Landrace　デンマーク原産）と「大ヨークシャー」（Large White　イギリス原産）との間の交配種で、注入した精液は「デュロック」（Duroc　アメリカ原産）の父豚。それぞれの種が持つ特徴を活かし、バランスのとれた良質な豚肉の安定供給のために開発された品種。わたしはスーパーでよく見かける三元豚の意味すら知らなかったんだ。

妊娠ストールに入った発情期の母豚は性器が赤く腫れる。そして発情のタイミングだけは雄豚の巨体が乗っても動じないほど身体が重くなる。実際に牧場長が母豚の腰を押したり、乗ってみたりして発情確認を行なう。そして母豚の膣のまわりを拭いて消毒し、先端に丸いプラスチックの頭の付いたチューブを入れる。尿道口が手前にあるのでチューブは少し上向きにと注意されつつ、差し込んだ長いチューブはズブズブと飲み込まれていく。奥まで入ったことを確認したら、手早く真空パックに入った精液の袋にわずかな切り込みを入れて弁を作り、子宮の収縮の力で吸引させる。膣から漏れ出てきた場合は、うまく子宮に入ってない。

この日は十頭ほど交配させてもらった。精液の注入が終わった豚の背にラッカースプレーで日付を書いて終了。豚が受精したら、約百十四日の妊娠期間を経て子豚が生まれる。

豚のお母さん、どうぞよろしくお願いします。

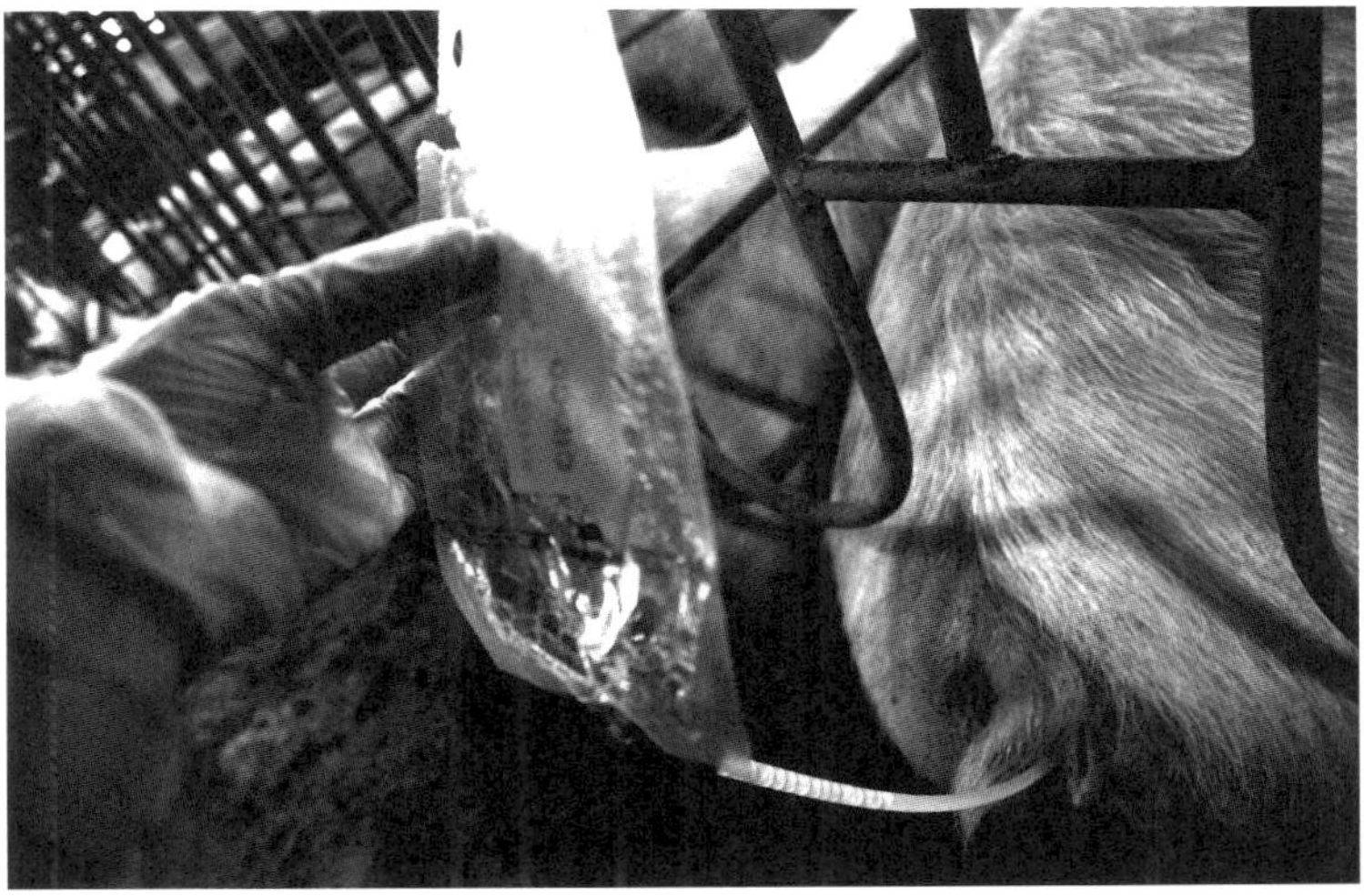

2020年

3月2日　月曜日　瀬戸牧場

ようやく、妊娠した母豚に会いに行った。アートセンターの仕事や豚の受け入れ準備に追われてしまい、なかなか時間がとれなかった。

十二月に十頭ほど交配させた結果として妊娠したのは四頭だった。思ったよりも妊娠率が低い。わたしの注入が下手だったのかもしれない。あれから約九十日が経ったので、産まれるまであと少し。

久しぶりに会うお母さんたちは、床にだらりと寝ころび落ちついている。「赤ちゃん、見ますか」とコバヤシ牧場長が持ってきた専用の超音波検査機で子宮内を見せてもらった。人間の赤ちゃんのエコー検査のように、潤滑剤を付けた機器をお腹に当てると、モニターがガサガサと動く。どうやら黒い部分に子豚がいるらしい。こちらのお腹まで痛くなりそうなほど、かなり活発に動いている。豚はつわりで苦しんだり、胎動が痛かったりしないのかな。こうして母豚や子豚たちの体調を心配する目線を持った自分は、ささやかながら彼らの父親のような気分だ。代理出産してもらってるようでもある。この日は百島での飼育環境についても相談させてもらい終了。

三月二十七日に分娩予定。とても楽しみ。

3月27日 金曜日 瀬戸牧場

生まれました!

ただ、分娩に立ち会うため早朝から待機していたのに、牧場に入れない深夜帯に生まれてしまったようで、見逃してしまった。朝の六時半に「分娩、終わってた」とコバヤシ牧場長から電話をもらったときはショックで目眩《めまい》がした。自然分娩だから当たり前なんだけどさ。出産に立ち会えなかった父親の気持ち。

急いで牧場に駆けつけ、生まれた子豚と初対面。本日出産したのは四頭中一頭だけだった。全部で十三頭だったかな。母豚の乳首争奪戦をしていて元気がいい。まだ地面には胎盤がドロっと残っている。牧場のスタッフの女性が母豚の様子を説明してくれ、出産後の母豚の性器の消毒、そして生まれたての子豚の尾切りと歯切りの作業を見せてもらう。まだへその緒をつけたままの子豚たちを一頭ずつ抱えて、熱で焼き切る専用の器具で一〇センチくらいの細長い子豚の尾を半分にし、ニッパーで上下の犬歯の先端を切る。首元に鉄分補給の注射を打ち、へそや尾にイソジンをづけて終了。手早い作業で、子豚が泣き喚《わめ》く暇もないという感じ。その様子を見て悩んだ末、飼う予定の豚の尾切りは、お願いして辞めてもらった。歯切りは母豚の乳首を傷つけないことが理由なのでやってもらう。雄豚だと、これに加えて必ず去勢しなくてはならないので、雌を選ぶことにした。去勢せず雄豚を引き取る方法はないかと牧場長に相談したが、去勢してない豚は特有の「雄臭さ」が出て、食べられたものではないらしい。せっかく大切に育てて食べた時に美味しくないのは良くないと止められた。確かに、美味しくないという結末は悲しいかもしれない。

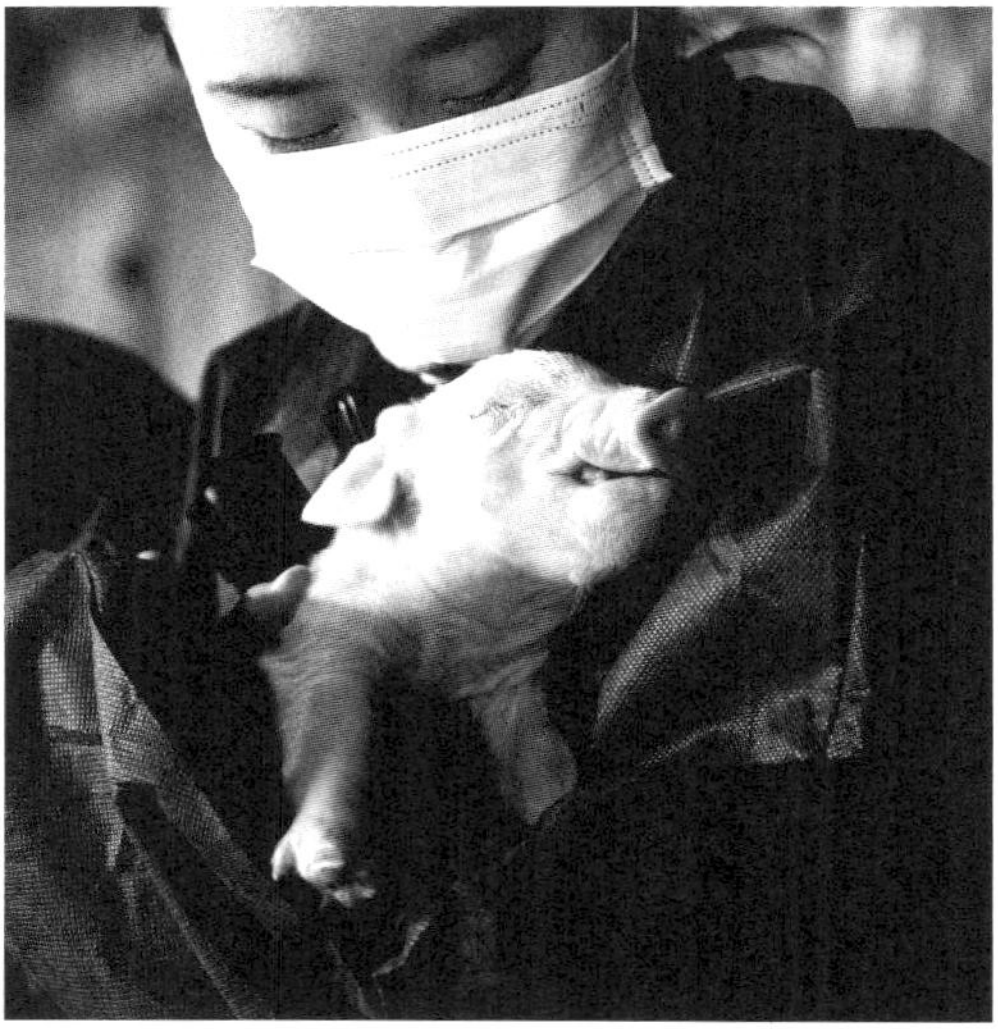

複数いる雌の子豚の中から、どういう基準でウチに来てもらう子を選ぶか悩ましい。とりあえず、抱いてみて考える。スタッフさんが抱くと落ち着いているのに、わたしが抱くと鳴き叫び暴れる。やっぱり食べられると感じて来たくないのかな。脂肪が少なくしわくちゃな身体を震わせる赤ちゃんたちを繰り返し抱き、その度に絶叫され、それでも、なんとか落ち着いてくれる子に出会った。

名前は「モモ」。百島で育てるし、きっと、ミヒャエル・エンデの「モモ」のように、時間泥棒に取られた大切な時間を取り返してくれる子になる。

4月2日　木曜日　瀬戸牧場

モモが生まれて一週間。毎日足繁く牧場に通いたいけれど、牧場のスタッフの方々が毎度親切で、行けば行くほど業務の邪魔をしてしまうと思い、控えめに週一程度で伺う予定。

背中に油性マジックで「モモ」と名前を書いた跡が消えてしまっていて、探すのに苦労した。モモは無柄、ほかの兄妹も同様でこれといった特徴がない。今度は赤いラッカーでしっかりとマーキング。それでも子豚同士が身を寄せてじゃれ合うので二、三日もすると消えてしまう。

スタッフさんの協力で、機敏なモモを上皿はかりになんとか載せ、体重を測らせてもらった。一日目に一・八キロくらいだった体重は、すでに二・五キロになっていた。一週間で七〇〇グラム。透けていた肋骨にも肉がついていた。さらにスピードアップして成長するので一ヶ月後には大体八キロ前後になるらしい。へその緒も取れていて、牧場のスタッフの方が保存してくれていた。ありがたい。

4月9日　木曜日　瀬戸牧場

前回からまた一週間が経った。

二・五キロだった体重が、なんと五キロ。倍になってる！　もう体重計に足が載り切らないのでプラスチックの収穫コンテナに入れて測定。

モモは母豚の顔に近い乳首をゲットしているようで、十三兄妹で一番大きく、ムッチリしている気がする。一週間でこれほど大きくさせる豚の乳は、どれほど栄養価が高いんだろう。興味があって、少しだけ採取させてもらった。牛のようには出なくて、乳首をどう握っても雫《しずく》が数滴出る程度。飲むほどもないけど味見。牛乳のようにサラリとしてるのに、もったりと濃いバターの甘い風味がある！

4月15日　水曜日　瀬戸牧場

生まれて三週間。新型コロナウイルスの影響で牧場が立入禁止になってしまった。百島に住んでいると実感がなかったけど、近くの兵庫では緊急事態宣言が出たし、状況は深刻になってきているみたい。モモの成長を観察できなくてどうしようかと頭を抱えた矢先、スタッフさんの厚意で様子を報告してもらえることになった。ありがたい……

わたしの希望でモモは断尾《だんび》をしてなかったけれど、先日、兄妹豚に尾かじりされてしまったらしい。このまま尾かじりが激しくなると、最悪は脊髄炎になって死んでしまうと説明され、尾を

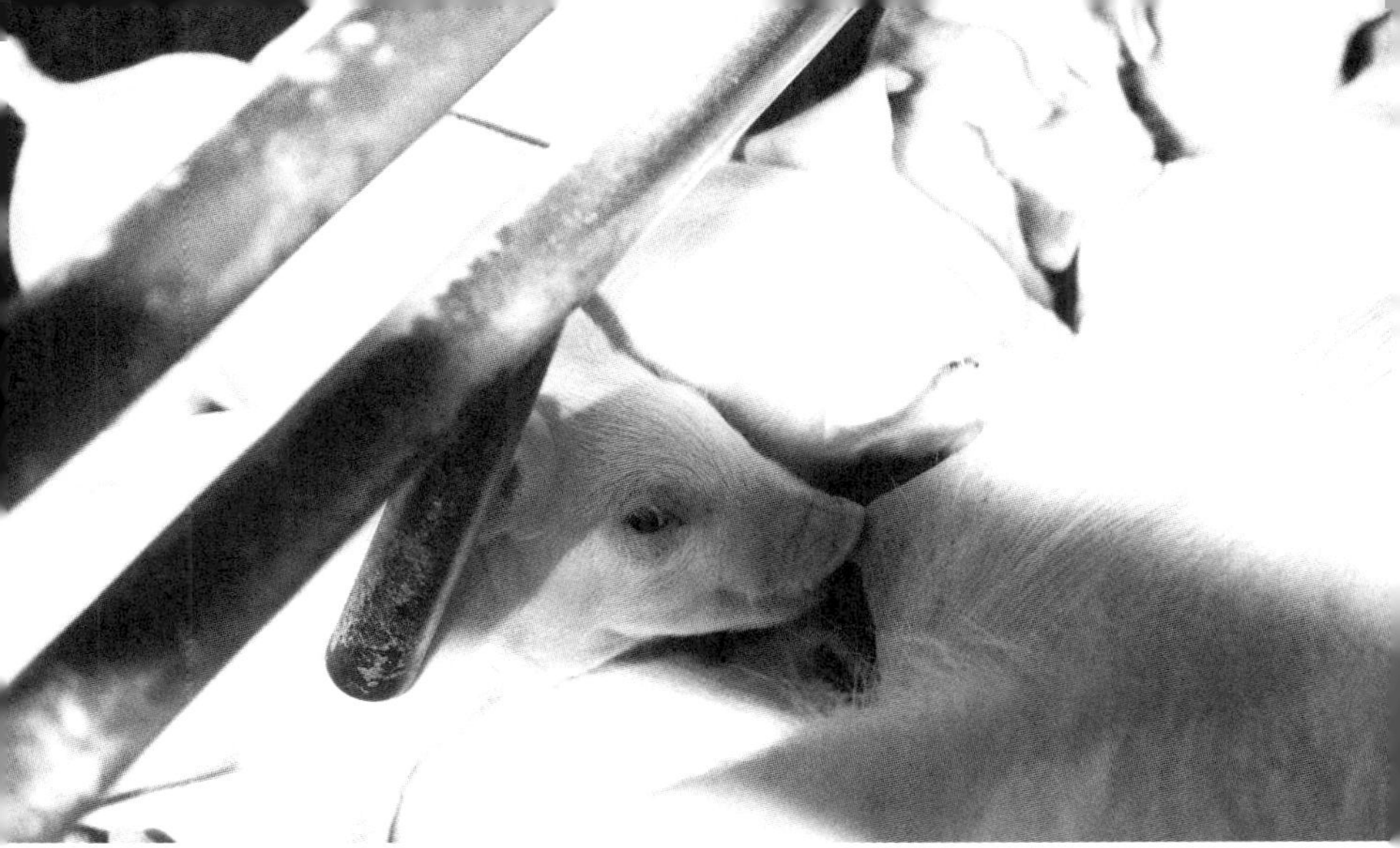

切ることになった。クルッと巻いた尻尾は可愛いらしかったのに……悲しい。けれど、それを理由に弱らせてしまうわけにはいかない。施術後は出血もすぐ止まり、元気に走り回っていると報告を受けてひと安心。

体重は七・五キロ。また二・五キロも増えている。わたしが抱き上げられる期間は僅かかもしれない。頭の毛がフサフサになってきたし、顔立ちにも変化を感じる。

来週には、モモが百島に来る。コロナで時間に余裕ができたヤナギさんとニシオくんにモモの小屋の柵の整備を協力してもらい、悪いことばかりじゃないなと思う。本当に多くの人に助けられて初めて実現する。感謝ばかり。暖かくなって、島を散歩するのも楽しい。モモともいっぱい歩こう。

4月18日　土曜日

スタッフさんからの報告。モモの体重は八・四キロに。母豚と戯れたりウロウロ散歩したり、かなりアクティブな性格らしい。いよいよ、来週くるぞ！

この夜は、モモが来てすぐに逃走してしまい慌てふためく夢を見た。あり得る。

4月21日　火曜日

引き続き、牧場のスタッフさんから報告をもらう。

牧場の予定やモモの様子の関係で、引き渡しは四月二十九日に変更になった。

九・四キロになったモモは、そろそろ離乳期間に入る。いよいよ母豚離れの時期。楽しみで、かつ、不安。それにしても、スタッフさんから送られてきた写真を見る限りモモは美人、いや、美豚《ビトン》になる気がするよ。

そろそろこの試みにタイトルをつけるかなあ。

4月23日　木曜日

スタッフさんから報告。

体重は九・八キロくらい。離乳後も少しずつ体

重が増えていて、見た目も痩せてないので、しっかり粉の餌と水を摂取できているようだ。百島で毎日の食糧を確保することに一抹の不安。本当にすごいスピードで大きくなっている。

ここ数日、仕事場のボスのヤナギさんと同僚のニシオくんに助けてもらい、立派なモモの小屋ができた。グラウンドの隅に聳えたつ二〇メートル級のヒマラヤ杉を囲むように建てられた柵。ヒマラヤ杉は枝が大きく広がった常緑針葉樹なので、強い日差しや雨からモモを守る屋根になってくれそうだ。よろしく頼みます。わたしが仕事をして構ってあげられない時はここにいてもらう予定。

この小屋には、百島のきのこ工房から収穫後に出た廃菌床《はいきんしょう》を敷いた。おが屑で出来ているので、フカフカの寝床に。これと豚の排泄物が混ざったら、とても良い肥料になるのではと期待している。うまくいけば、この肥料で何か農作物を育ててみたい。

4月24日　金曜日

スタッフさんから報告。

体重は一〇キロ。カゴに入る限界になった。この日は兄妹喧嘩をしたらしく、耳が傷だらけに。喧嘩はよくあることで、体調面に支障はないみたい。そういうこともあるよね……弟や妹と大げんかして、手加減もせず蹴って殴って引っ掻いて、傷つけてしまった自分の小さい頃を思い出してげんなりした。

先日完成した小屋と柵を牧場長とスタッフさんに写真で見てもらうと、モモが三〇キロの時点で柵周りを掘り起こす可能性があり、早めに鉄筋で補強した方がいいと言われた。豚はなかなか手強そうだ。懸念していた島によく出るムカデは問題なく、むしろ食べてしまうらしい。それは心強い。

4月25日　土曜日

スタッフさんから報告。

モモが下痢をしている。餌にエスカリウという粉を混ぜて食べさせて、治るか様子を見ているとのこと。エスカリウは便を固くしてくれるらしい。下痢の原因はなんだろう。兄妹喧嘩のストレスかもしれない。

モモが来るまであと四日。正直、全く想像がつかない。生き物と向き合うって、かなり怖い。

4月29日　水曜日　モモ来島初日

祝！　モモが百島に来ました。

昨年から豚のことを調べ始めて、ついにこの日が来た。モモの引き取りは午後三時。軽バンで牧場へ向かう道中では胸が苦しいほどの緊張に襲われた。やってみたいと思った日から時間をかけてきたことが現実になる瞬間のときめき、生き物を育てることの重圧、愛情や拒絶によって食べられなくなることへの不安。いろんな感情が駆け巡り、手汗でハンドルが湿る。

瀬戸牧場に着くと、いつもお世話になっているスタッフさんが早速モモを抱えて連れてきてくれた。本当に大きくなったね。喧嘩してできた耳の傷は、かさぶたになっていた。モモは軽バンに乗ると、真っ先におしっことうんち。荷台をブルーシートで養生しておいて良かった。

コバヤシ牧場長とスタッフさんに見送られて、いざ出発。その矢先、モモは元気過ぎるのか、荷台のブルーシートはぐちゃぐちゃ。車の振動にかなり興奮しているようで、さらなる排泄物の臭いも後ろから漂ってくる。それどころか、ジャンプして後部座席への侵入を試みてくる。車内は運転しているわたしだけで、誰もモモを止められない。背後で動き回るモモをバックミラーで

確認しながらの運転は、生きた心地がしなかった。それでも、後部座席に掴まって外を眺めている姿には大変癒されたので許す。
モモを乗せた車は船で海を渡り、なんとか無事に百島へ到着。小屋も気に入ってくれたみたいで、さっそく土を掘り返し始める。同僚たちが集まってくると、少しパニックになったように機敏に走り回っていた。生後一ヶ月、今日は見るものすべてが新しく、大冒険だったよね。いまは疲れ果てて眠っている。豚もいびきをかくんだなー。人間みたいな寝息。少し震えていたので、毛布と湯たんぽを追加した。寒くないといいな。
今日からモモとの日々をSNSで毎日記録することにした。リアルタイムで画像と文章をセットで共有できるし、身体的にも気軽だから続けられる気がする。タイトルは「メメント・モモ」。ラテン語で〈いつか必ず死ぬということを忘れるな〉という意味の「メメント・モリ」をもじった。「モモを忘れるな」なんて重たいけど、響きはちょっとギャグっぽくて気に入っている。カトリックの中高一貫校出身もあって言葉自体に馴染みがあるし、美術の重要なテーマとしてもとらえたい。

4月30日　木曜日　2日目

夜八時に就寝したモモが心配すぎて朝の四時前に目が覚める。モモを見に行くと、なんだか寒そう。湯たんぽを追加交換したり、ずっと不安で、腹を撫でたりマッサージをし続ける。起床したモモは下痢気味。やっぱりお腹冷えたんだ。ごめんなさい……

離乳して間もないので、ご飯は粉末状の人工乳。水とセットで出したけど全然食べない。見てはいるけど、食べない。さらに不安になる。豚は綺麗好きというし、下痢を吸収したおが屑や毛布を部屋から出してみた。すると途端にパクパクと食べ始めた。下痢は微量だったけど、それでも近くにあるだけで食べないのかもしれない。ひとまず安心して清掃を始める。

それにしても、排泄物は臭い。特に下痢は手に付くとしつこく、仕事の時にかなり気になるので度重ねて手を洗っていると指先が荒れ始めた。清掃のときはゴム手袋をつけるか。モモの身体は無臭なんだけどなー。

しっかり食べて元気になったモモに犬用のハーネスをつけて、リードでの散歩を試みた。でも、犬用のハーネスを嫌がってまったく進まない。結局、抱っこして歩く。じたばたと動きたがる一〇キロを抱えて歩くのは一〇〇メートルでもしんどい。おしっこやうんちを懐にされる恐怖もある。春とは思えない大汗をかきながら、ようやく日中用の小屋に到着。元気に土を掘り返しているので、ひと安心して仕事へ。一時間後に見に行くと、日陰で震えている。なんでだ！

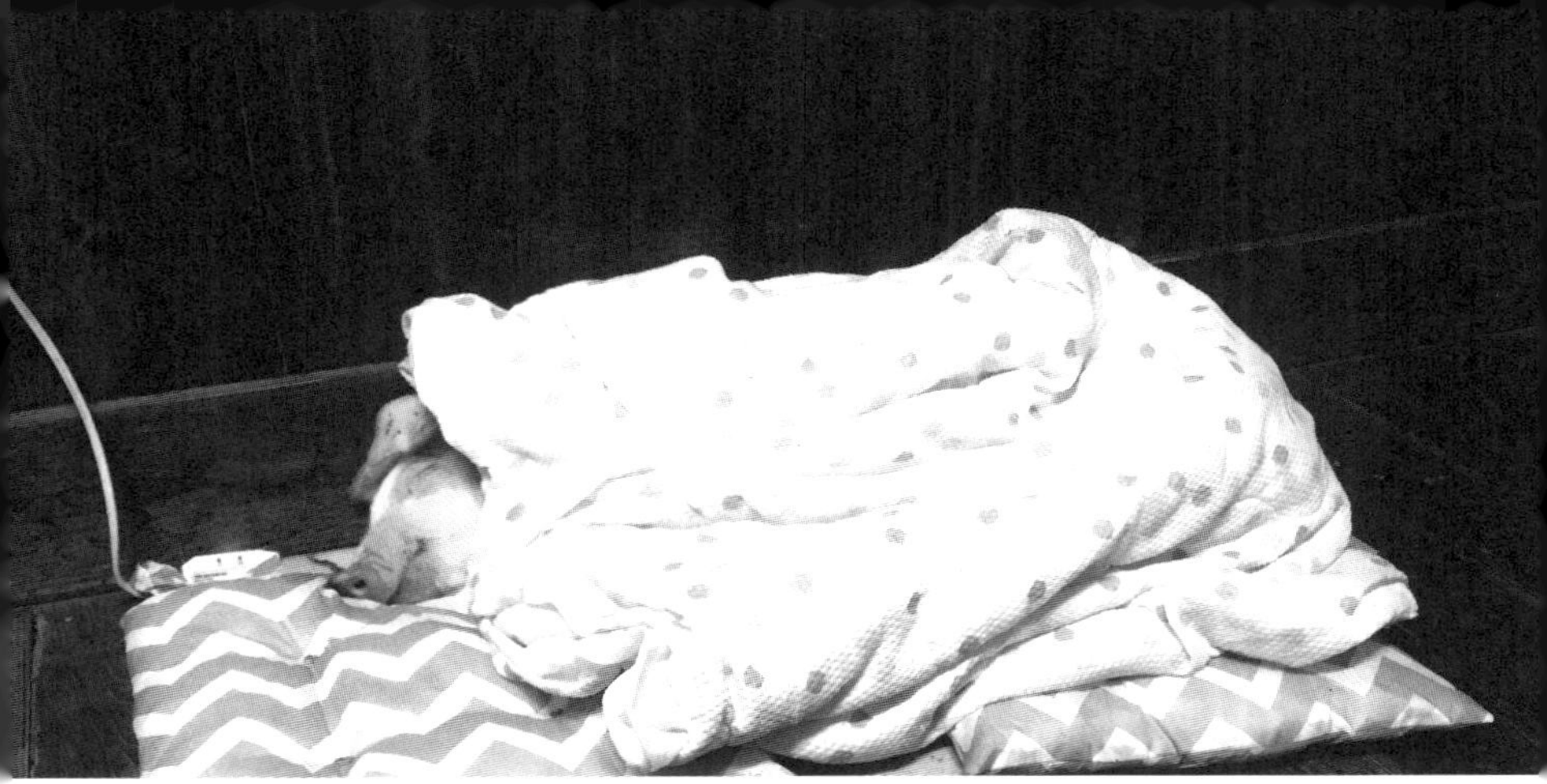

とりあえず小屋から出して日向《ひなた》で遊ばせるけど、これでは仕事ができない。軽トラの荷台に入れてみたけど、目を離すと脱走。干し草置き場に無理矢理に柵をつけたらようやく落ち着いて、藁に潜《もぐ》った状態で爆睡。それにしても、脱走はするけど逃げたりはしない。むしろ近づくと駆け寄ってくるので、かわいい。かまってほしいから脱走するのかもしれない。

仕事を終えた夕方、一緒にグラウンドで遊ぶ。走り回って疲れたのか、家に戻ると、ご飯をバクバク食べて、いそいそと自分の布団に入る。寝姿がほぼ人間。寒くないように今回は電気カーペットを敷いた。震えてないし、快適かな？　おやすみなさい。

5月1日　金曜日　3日目

朝の五時。モモが心配で見に行くと、布団から飛び出して全く違うところで寒そうに震えて眠っている。なんでだ！　寝相悪いのか？　また電気カーペットに載せたら落ち着いたけど、何か対策を考えねば。

夜中に何度もモモの様子を見に行くので寝不足すぎて瀕死になり、SNSの毎日更新がすでに破綻した。メモを取るので限界だ。

朝六時にモモの朝ご飯。水をひっくり返さないよう支えたり、撒き散らす粉ご飯を掃除したりと忙しい。同時に排泄に注意する。でも、食べ終わっても大小どちらもしない。仕方ないのでグラウンドの小屋につれていこうと外へ出して、干し草を敷いた一輪車に乗せる。その瞬間におしっこ。乗り物に反応するようになっているのかなー。

一輪車でモモをグラウンドの小屋まで移動させるのはスムーズに完了。しっかりご飯を食べているし、天気がいいから寒くもなさそう。ただ初日と二日目が下痢だったので心配。午前中は小屋の中で「食べて、土を掘り返して、眠る」の繰り返し。午後はとにかく遊びたいようで、柵から出てくる。小屋のある広場は元々中学校のグラウンドで、一〇〇メートル走ができるほど広い。このグラウンドには柵をつけてないけど、まったく逃げない。ひたすら土をクンクンしては虫を食べている。ダンゴムシ、毛虫、いろんな幼虫。その様子を観察していると、モモがうんちした。下痢じゃなくて超健康タイプ。グラウンドを排泄場所に決めたのかな。どうりで柵の中があまり臭くならないはずだ。よかった。誰かを見つけるたび、その人にくっついて走り回って運動して、かなり調子いいのでは。

今日は島の人たちが見に来てくれた。余った食パンを持ってきて、細かくちぎって食べさせては愛でていた。モモは食パンが好きそう。あと野菜クズを島のおばちゃんにもらう。島の大工さんたちも「かわいすぎる！」と叫んでいた。人気者だね、モモ。

しっかり遊んだあとは、初めて身体を洗ってみた。これまた島の人から巨大な鉄鍋をもらったので、ぬるめのお湯をいれてモモのお風呂にしようと準備していたら、早速、鍋の中でうんち。水に入るのは初めてだから驚いたようで、とても嫌がった。今朝、モモの体を触っていたらマダニを見つけたので、なんとしても洗わねばと思ったんだけど……。仕方ないのでタオルに切り替えてゴシゴシ拭いた。今日は綺麗になったし、うんちも外でしたし、意を決してわたしの部屋に入れてみることに。実は、わたしの部屋を排泄スポットとして認識されるのが怖くて入れてなかった。

モモにはお気に入りの毛布があって、それは初日から使っている白地に水玉のやつ。おそらく最初に自分の匂いをつけたから、愛着があるんだろう。この毛布があればすぐに寝る。今日は七時にモモを寝かしつけられた。その後でわたしが夕飯を食べる、というのが日常になりそう。

この日は仕事場のボスのヤナギさんの誕生祝いで、同僚と夕飯。みんなが食べている姿が、豚に見えてきた。話しているとき以外の、黙って口を動かす素ぶりに、豚と通じるものを感じる。やはり寝不足なのかもしれない。この日もモモの寝相が悪くて、わたしはほとんど眠れなかった。家の周りの発情した猫が一斉に叫ぶ甲高い声もうるさかった。

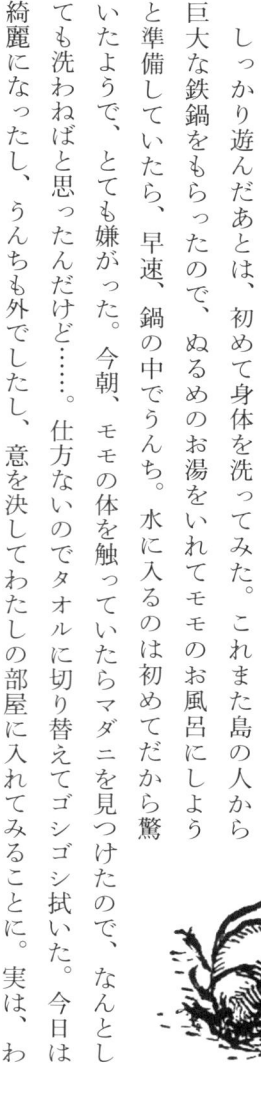

5月2日　土曜日　4日目

すでに睡眠不足の限界で動けない。自分の朝ごはんを作って食べる時間も余力もない。モモのご飯の準備と掃除、片付けに追われ、動き回るモモから目を離せず、モモが眠っている時ですら気が抜けない。子どもがいる人曰く、このルーティーンは子育てに似ているらしい。かなり疲労感がある。母に感謝した。

今日から五日間は仕事がお休みなので、ゆっくりしたいなと思いつつ、夜中から度々起きてはブーブー鳴いて起こされる。トイレに行きたいのかと外へ出してみても排泄なし。朝七時くらいに朝ご飯。食べ終わっても排泄しないし、また寝たがる。でも、これからわたしは島外へ買い出しに行かねばならないので、ツンツン起こして軽トラに乗せてグラウンド小屋へ移動――と思って助手席に乗せた瞬間にうんち！　速攻で降ろして荷台にチェンジ！　するとここでも、うんちとおしっこ！　まさか乗り物はすべて排泄スポットだと思っているのでは？　仕方ないので汚れた荷台に乗せたまま発進。飛び降りないかなと気にした矢先に、勢いよくジャンプ。逃げたりしなかったことは不幸中の幸いだったけど、アンタ、危ないよ……。乗り物に乗るのが怖いのかな。走行中に何度も飛び降りてしまうモモを繰り返し拾って、ようやくグラウンドの小屋へ着いた。すぐさまモモを荷台から下ろして車の清掃。洗いやすい軽トラにしてよかった。モモの昼ご飯の世話を同僚のキムラさんにお願いしてモモに必要そうな備品や食糧の買い出しに。コロナ禍で生活が変わった人は多いと思うけど、百島での生活は、ほとんど変わらない。買い出しは多くても週一でまとめ買い、飲食店がないから日々自炊、飲みに出るのは月に数える程度だったので、そこまで危機感がない。買い出しが終わってグラウンドに戻ると、島の人が子どもを連れてモモを見に来た。「生き物を食べるってこういうことなんだよ」と子どもに教えるお父さん。そういった共感の仕方は嬉しい。

ペットと家畜の線引きは難しい。倫理観の問題だから、すべて一概に言えない。スイスには、文化的に、可愛がったペットの犬や猫を最期に食べる地域もある。「肉は肉だから」ということ。もちろん、それに拒否反応があることはわかるし、否定も肯定もしない。ただ、大量に殺処分されるくらいなら、食べる方法を考える人がいてもおかしくはないよね。

今日は寝床のある建物までモモと歩いて帰ってみることにした。徒歩五分の距離で逃げてしまわないかとビクビクしたけど、ちゃんとついてくる。リード無しで、ブーブー鳴いてわたしの後ろを追いかけてくる姿はなんとも愛らしい。排泄が屋外のみと決まってきたので、夜はわたしの毛布で一緒に寝た。すごくあったかい。あと、歯ぎしりがすごいし、寝相が悪い。

5月3日　日曜日　5日目

今日は雨。一日中ずっとモモと一緒にいたのは初めて。外で遊べないのがモモのストレスになりそうで心配だったけど、一緒に毛布でダラダラできるようになったので寝て過ごした。と、言いたいところが、もう有り余るエネルギーで、「ご飯、排泄、遊ぶ、寝る」を八回ほど繰り返され、わたしはまったく休まらない。特に厄介なのは、モモがご飯をひとりで食べられないこと。モモのご飯中に、その部屋からわたしが離れると、パニックになって追いかけてくる。おかげさまで、わたしは自分のコーヒーすら入れられないし、掃除もできない。そして排泄、なんと軽トラの荷台が定番に。室内でしないのは褒めまくりたいけど、外でもあまりしないからおかしいな、そんなまさか、と荷台にモモを載せると、おしっことうんち。ああ、乗り物ならしていいと思ってるんか……。そうして、排泄サインが見えると軽トラの荷台に載せなければいけなくなった。

一日一緒にいて気づいた排泄サインは、

①ご飯に興味がなくなって靴や衣類を嗅いで噛む
②尻尾がピンッと反り立つ（気がする）
③さらに我慢していると口周りに泡が溜まる

中でも③は危険信号な気がしていて、ほっとくとストレスになりそう。

モモの室内遊びは、犬のように口で毛布を振り回したり、カーペットを鼻でギュウギュウ押したりする。あとは服のファスナーやボタンを噛む。ご飯が食べたくなったら扉をツンツンして、

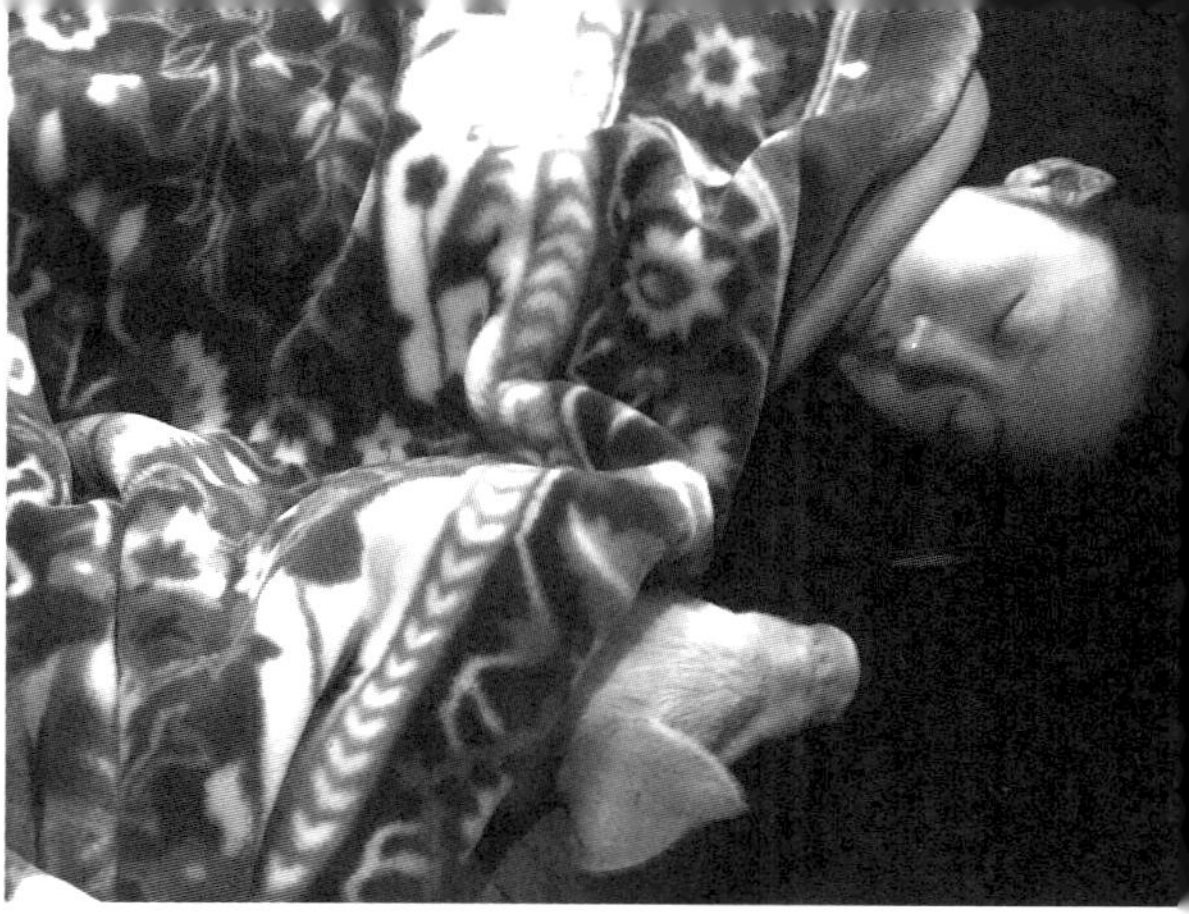

出たい合図。賢いけど、ご飯の回数が多くないか？　豚らしくなってきたのかなー。室内遊びで印象的なのは鏡。目が悪いのか、なんとなく映る自分をみて静止する。鏡を認識しているかはまだ怪しい。

夜は寝つきがいい。暗くしないと眠れないみたい。明るいと自分の耳で目元を覆い隠している気がする。あいかわらず寝相が悪くて、一緒に寝ると蹴伸びパンチされて目が覚める。

5月4日　月曜日　6日目

既にとても長い日々を共にしているような感覚。朝、モモはだらしなくて全然起きない。仕方ないのでほっといて外の掃除をしていたら島の大工のタナカさんが来て、さっき島で釣ったんだとイカをその場で焼いてくれて、頬張りながらおしゃべり。匂いに反応してようやく起きてきたモモにあげても食べなかった。

モモはリードなしで一緒に歩けるようになった。最初は半信半疑だったけれど、この日は同じ道を四往復ほどしても何も問題がなかった。途中には犬を飼っている家もある。その犬に吠えられても気にしない。野良猫にも自分から近づいていく。でも、猫はスッと逃げてしまう。

I like pigs. Dogs look up to us. Cats look down on us. Pigs treat us as equals.

「わたしは豚が好きだ。犬は我々を尊敬し、猫は我々を見下しているが、豚は我々を対等に扱ってくれる」

ウィンストン・チャーチルが言ったとか言わなかったとかいう言葉を思い出した。

ずっと接していると感じる、常に同じ目線。モモは生後一ヶ月と一週でまだ子どもだから、無邪気なだけかもしれないけれど。寂しがりのモモがわたしに頼り、わたしはモモを育てるため周りに頼る。自分だけでは生きていけないのに、こういうことはすぐに見えなくなってしまうな……と物思いに耽りつつ、モモを寝かしつけていた。

5月5日　火曜日　7日目

モモは今日も朝からダラダラ。無理矢理に起こしてご飯の部屋へ連れていっても、あんまり食べない。排泄かと、外へ連れていっても出さない。じゃあグラウンドで軽トラに乗せようか、とわたしが部屋で身支度をしていると「シーーーーー」と音がする。まさか……と振り向いてわたしの机の下をみるとモモがおしっこをしていた。アホか！　外でしなかったくせに、コノヤロー！　込み上げる怒りに任せて絶叫しながら机の隅へ逃げようとするモモの耳を引っ張り、身体を掴んで引きずり出す。同じ場所にされては困るので急いでぞうきんで拭き取り、消臭スプレーを大量に撒く。いつもと調子の違う大きな声に驚いたのか、モモは顔を毛布にうずめて小さくなっていた。

それ以降、モモは下痢を繰り返している。怒ったからストレスだったのかな。もしくは排泄を深夜に我慢しすぎたのか。怒ってしまったけど、申し訳ない気持ちも強く、どうしたもんかと考えている。昨日散歩したあと、冷たい水をガブガブ飲んだのが原因かもしれない。

今日のモモはシロツメクサの葉がお気に入り。土も沢山食べるし、島の人からもらった筍《タケノコ》にも挑戦した。まだ固いものは食べづらくて諦めてしまう。酸っぱいハード系のパンより、普通の柔らかい食パンが好き。夜は、疲れたのか七時くらいには寝たがった。ご飯を食べる量が少なかった気がする。夜中に起きてブーブー鳴くので外へ連れ出したら下痢していた。あー、ごめんよーーーー。可哀想なので、お腹をさすりながら一緒に寝た。

5月6日　水曜日　8日目

モモは朝から下痢。ご飯と水をすごい勢いで口に入れたかと思ったら、わたしの靴を噛んでトイレに行きたがる。外へ連れていくと滝のように噴出。まいったなー。一日に十回以上モモのお尻を掃除している。

今日も休日なので、グラウンドで焚き火をして遊ぶことにした。モモは火をまったく怖がらない。視覚的な恐怖が豚にはないのかもしれない。わたしが火に近づくとついてくる。ただ、火の側にいるとやはり熱いみたいで、ピッと身をよじって離れる。昼間からお酒を飲んで、コロナなんて忘れちゃうなあ、なんて平和を感じながら、ここでも下痢が噴き出すモモのお尻を水で流した。

しっかり遊んで(下痢もし過ぎて)疲れたモモは、帰ってご飯を食べたら即就寝。久しぶりに出来た自分の時間で、わたしは初のオンライン飲み会をしてみた。コロナ禍で、東京の友人が田舎にいるわたしに構ってくれるのが嬉しいなあ、とダラダラしていると、モモが排泄のサインを出す。慌てて抱きかかえて外へ連れていこうとすると、わたしのパジャマにダラダラと下痢を垂れ流している。こうして初オンライン飲み会は終了した。夜風に当たりながら、モモのうんちがついた服を手洗いする。冬じゃなくてよかった。

5月7日　木曜日　9日目

今日から仕事。モモはまだ下痢。グーグー寝たと思ったらボンヤリ起きて、ご飯を食べて外で排泄。モモの下痢は絵の具をたらしたり飛び散らせるアクションペインティングのように壁に抽象画をつくっている。今度はキャンバスでも置いておこうかな。排泄スポットは、いずれにしても隅が心地良いみたい。身を隠せる安心感があるのかな。申し訳なさそうに顔を隠しているようにも見える。排泄の時は絶対にこっちを向かなくて慎ましい。

調子が悪くて可哀想なので、夜はずっとお腹を撫でていた。わたしが顔を近づけると、すり寄

って顎を噛んでくる。毎晩寝顔を見ながら、モモの命を奪うことについて考える。まだモモが来て十日も経っていない。

5月8日　金曜日　10日目

モモの寂しがり屋が強まっている。周りに人がいなくなるとブーブー鳴いて、かまって光線を出してくる。無視すると拗《す》ねて寝る。ご飯や水をとる量も少ない。人が近づくと、これ見よがしに食べ始める。

下痢が続いているし、耳に茶色のアザのようなものも出てきた。これは何かの病気なんじゃないかと、少しの変化を見つけては勘ぐってしまう。生き物を育てるというのは本当に大変なことだ。子育てするお母さんが心配性になる気持ちがわかる。寂しさのストレスで下痢になっているとしたら心が痛むので、同僚がグラウンドで作業するときはモモをかまってもらい、それ以外はわたしが外でデスクワークをすることにした。周りに人がいる環境でよかったなと心の底から思う。

夕方にモモと島内を散歩すると、すれ違う島の人たちが「え、豚?」と驚く。車も度々一時停止する。「百島に豚がいるなんて何十年ぶりだなあ」と懐かしがられる。昔、百島には養豚場が二つあったらしい。海のそばにあった養豚場で出荷された豚肉は磯の味がしたとか。「わたしらが小さい頃はねえ、家に豚がおったんよ。農家にはたいてい豚がおった。野菜クズや残飯なんかをあげてね、大きくなったら売りに出される。その時は、そりゃ悲しかったよ……」なんてエピソードまで。漢字で家は「宀」に「豕《いのこ》(猪や豚のこと)」と書くし、豚と一緒に暮らすのは普通のことだったのかも。そんな島の人たちにモモをゆくゆく食べると言うと「食べないでー」とか「自分にも食べさせてくれー」とか、様々な反応。

今日は初めてモモをシャンプーした。外で遊ぶのでノミとダニが多く、お腹まわりに刺された跡がたくさんあって驚愕。シャワー自体はそこまで暴れないけど、顔にかけられるのは嫌がる。丹念に洗ったのでピカピカ、毛並みもツヤツヤになった。

5月9日　土曜日　11日目

毎夜、倒れこむように寝てしまい、そして朝はモモの世話で、仕事の合間もモモのご飯作りでSNSの記録ができない。本日土曜は、雨の休日。天気が悪いとグラウンドで遊べないので、家

で過ごす。朝ご飯を食べたモモとダラダラ昼寝。本を読みながらうたた寝するって幸せなことだと思う。ただ、モモが三十分に一度くらい起きてしまうので、束の間すぎる幸せ。

ようやく一眼レフを取り出した。モモの世話に必死で、両手を塞《ふさ》ぐカメラを出す余裕がなかった。小さいカメラ買おうかなー。鏡は変わらず気になっているようで、自分と見つめ合っていることが多い。でも、まだ鏡の認識はしていない気がする。

夜、モモが寝たのを確認して、少しだけ家を空けて、戻ってくるとモモが部屋から脱走していた。絶句しつつ、恐る恐る「モモーーーーー……」と呼ぶと、どこからか「ブブゥ」と聞こえた。呼び続けると、予想外の場所からヒョッコリと現れる。そして嫌な臭いもする。この先は言うまでもなく、屋内の広範囲に飛び散った糞尿の掃除に二時間を要した。地獄だ！

5月10日　日曜日　12日目

今日も休日。まだモモは野菜などを消化できないので、離乳食の粉状の飼料を取りに瀬戸牧場へ。ついでに自分の食材も買い出しに。モモのことばかりで自分の食事を忘れてしまい、若干飢えている。コロナ自粛で飲食店が休業、もしくはテイクアウトのみになっていて昼食難民になりかけていたところ、何もなさそうな山奥で蕎麦屋が現れた。何かのご褒美かな。うれしい。

島に戻ると、グラウンドに島民の親子が数組集まって遊んでいた。「モモー！」と叫びながら野球のバットをフルスイングする子。わたしの背中に隠れて怯えながらモモを見つめる子。人間で言うとモモは三歳児くらいだから、ちょうど友達になれそうだね。のどかな光景に癒された。ただ、たくさんの人間の子どもを初めて見たモモは、若干パニックになって挙動不審に。興奮すると、素早く弧を描いてくるくると回転するような、おもしろい身体の動かし方をする。

本日の買い出しの大本命はモモのオムツ。夜はモモのお尻の穴が緩まって、下痢だと微妙に漏れてしまうようで、昨夜の惨状と対峙したわたしのこれからのメンタルを支えるためのオムツだ。しかし、犬用を買ったけど、なんか合わない。尻尾と肛門の位置が違うのか、必要な部分にクッションが当たらず、胴周りもピチピチで、すぐに脱げてしまう。絶望。とりあえずわたしの肌色ストッキングの膝下を切ってオムツの上から履かせて固定を試みたら、肌色の股引に贅肉を詰め込んだ中年のおじさんのようになってしまった。

5月11日　月曜日　13日目

本日は快晴。気持ちのいい空気で、良い日差し。モモも比較的すぐに起きて、朝ご飯。新しい粉の飼料もしっかりと食べている。体重を測ってみると約一二キロ。下痢ばかりで痩《や》せたかと思ったけど、百島に来てから二キロ太っていた。ひとまず安心。排泄も十分にしたし、大丈夫かと思い、軽トラの助手席に乗せてみた。結果は最悪だった。二度と車内には乗せない！

午前中は仕事が詰まってしまい、なかなかかまってあげられなかった。お昼にご飯を持っていくと、鼻の周りが傷だらけ。柵の隙間に鼻をグイグイ突っ込み、その摩擦で切り傷のような跡がついたようだ。寂しいと自傷に走るのかな。ごめんね……

かわいそうなので午後は一緒に過ごした。ノートパソコンを外に持ち出して作業。悪くないけど、充電できないので時間制限あり。そして、自分のトイレを忘れがち。保育士さんの職業病に膀胱炎がある理由に納得。目を離すと何をするかわからない生き物と付き合うと、自分の生理現象は二の次になる。

5月12日　火曜日　14日目

今日もいい天気。わたしは久しぶりに七時半まで寝られた。いや、夜中に度々目が覚めるので、その時間まで起き上がれなかった。けれど、モモの支度には慣れてきた。改善点は、ご飯を食べ終わったモモを再度眠らせることなく、外へ出すこと。下痢も少し良くなってきたし、いい感じ。

日中は、同僚の草刈りについてまわる寂しがり屋のモモ。大きな麦わら帽子をつけてあげると、ブカブカでかわいい。すぐに大きくなっちゃうのかな。島の人からもらったサクランボをご褒美にあげると、気が狂ったように食べる。もっとよこせと言わんばかりに襲いかかってくる。つい先日、杏《あんず》のドライフルーツをあげた時もそうだった。魅惑の甘味だ。今日は島の人から、カボチャ、キャベツ、りんご、古くなったお米、グラノーラ、ブロッコリー、うどんをもらった。モモのためにと、ありがたい。雑草は食べるくせに野菜を食べないモモ。なんとか食べさせたいと思っている。明日から実験してみよう。

――いま、モモがおならした。犬も猫もするけど、やっぱり豚もするんだな。においは、人間っぽい臭さ。笑える。

5月13日　水曜日　15日目

いつもどおり、寝坊気味のモモ。今日もダラダラして起きないので、せっせと掃除に勤しむ。モモが起きる前に自分の身支度を済ませることが肝心だ。今朝のモモの体重は一三・五キロ。一昨日から一・五キロも増えた。下痢が治ったからかな。安心した。

今日は伸びてきたグラウンドの草を刈る。草刈り機を押すわたしの足元にモモが絡まってきて、邪魔すぎる。小さいのに、すごい力でアタックしてくる。大きくなった時が怖い。食べる前にわたしが殺されないかな。

夕ご飯はモモの野菜チャレンジ。カボチャ。茹でてすり潰し、食べやすいペーストにして出してみた。まったく食べない。気に入らないという表現なのか、ふて寝する始末。仕方ないのでこれまでの離乳食の粉の飼料を少し混ぜてみたら、モソモソと食べ始めた。やった！　と思いきや、粉の部分しか食べてない。次に、粉を完全にペーストに混ぜてみると、訝《いぶか》しげに少しだけ食べている。ぐずぐずと二〇〇グラムほど食べてギブアップ。モモ、カボチャは嫌いなんか。

5月14日　木曜日　16日目

今日は海へ。潮が引いているので近くの砂浜を散策した。貝殻を口に入れたり砂を掘ったりと、モモは楽しそうだった。海藻にも興味を示していたので、何種類か持ち帰ってみる。塩抜きして、サッと茹でて刻んだら食べてくれそう。わたしが海藻を採取している間、モモはグラウンドの土よりギュンギュン掘れる柔らかい砂浜を漁《あさ》りまくっていた。海水にも拒否感なく浸っている。さすがに、まだ泳げなさそうだけど。百島の海は綺麗だから、夏が楽しみだな。モモを連れて海水

浴したい。潮で下味とかつかないかな。
海に入ったので二度目のシャワー。少し慣れたのか、あまり抵抗しない。顔にお湯をかけられるのは相変わらず嫌がるけど、シャンプーでゴシゴシされるのは気持ち良さそう。たまに足の指を噛んでくるのだけは困る。かなり痛い。モモの足と自分の足を比べると不思議。偶蹄《ぐうてい》類はピンヒールを履いたみたいに常につま先で立っている。人の足の先よりも綺麗で繊細だな。この蹄《ひづめ》で踏まれると、絶叫するほど痛い。わたしの足の甲には青アザが増えてきた。

5月15日　金曜日　17日目

モモは同僚のキムラさんが飼っている猫にアグレッシブに交流しようとする。そして、かなり嫌がられている。一緒に遊ぶ仲になってくれたらいいんだけどな。

今日は島外で仕事のため、モモはお留守番。雨なので外で遊ぶことなく、小屋で粛々としていた。お昼の筍は完食。野菜は、一度火を通して細かくしないといけないみたい。日中に動かなかった日は夜が大変。わたしの髪の毛を食べたり、顔を鼻で突き上げてきたりと、かまって欲しい態度全開。さらに大きくなってこんなことされたら、わたしの頭は禿げそうだし、顔もボコボコになる。

おそらく豚も夢を見る。時折、逃げるように足をばたつかせてはハッと目覚めて、周りをキョロキョロと確認したりする。モモはどんな夢を見るんだろう。

5月16日　土曜日　18日目

今日は大雨。悪天候の中、仕事場のアートセンターに榎忠さんの美術作品を搬入するべく、雨合羽をまとって総動員。誰もモモの面倒を見られないので、外の小屋で待ってもらった。大雨の日に外へ出すのは初めてなので心配になり、チラリと様子を見に行くと、雨のあたらない場所の干し草にもぐって眠っていた。お昼のうどんも完食。元気そう。

作品の搬入も終わったし、同僚と夕食。みんな料理上手なので豊かな食卓。幸せだ。いつもモモを家で寝かしつけてからコソコソと食事していたけど、今晩は仕事場のカフェスペースの側に落ち着いてくれたので一緒にいる。賑やかな気配に安心するのか、スヤスヤと眠っていた。酔っ払った状態でモモと戯れるのは初めてかもしれない。一緒に生活を始めて、無意識に深酒は控えていた気がする。モモはわたしのアルコール臭に興味津々。まだ早いよ。

5月17日　日曜日　19日目

休日。体重は一五・五キロ。四日前から二キロも増えている。あきらかに身体が大きくなって、身長も伸びて、顔も大きくなった。四頭身でかわいい。

ローズマリーは食べないけど、ムシャムシャとかじるのは好きみたい。食べてくれたら香り高い肉になってくれそうだけどなあ。

島の人が、こっそりとモモの小屋のそばに野菜の入った袋を掛けてくれる。本当にありがたい。間引いた小さな人参や菜っ葉の茎。蒸してフードプロセッサーで砕いたら食べるようになってきた。島の食材で育つのは理想的なので、モモの肥えた舌に応えるためにも調理を頑張ろう。

5月18日　月曜日　20日目

今日は雨の休日。こんな日は本を読むか映画を観るに限る。そう思い、流行りの韓国ドラマに手を出したら一日が終わってしまった。

このダラダラしたわたしの一日に付き合ったモモは、ついに禁断のポテチの味を知ってしまった。わたしの映画のお供だったポテチ。あまりにも欲しがるので一口あげたのが失敗だった。次の瞬間には、もう気が狂ったようにヨダレを垂らして襲いかかってきた。どこまでもポテチの匂いを追いかけて、わたしの指についた塩にまで食らいついてくる。今度から隠れて食べることにしよう。モモと一日中ポテチバトルをしてたら写真が撮れなかった。

5月19日　火曜日　21日目

モモがきて三週間が経った。時間が経つのは早い。だけど、三週間どころか、一年くらいずっと一緒にいるような感覚。モモは人懐っこく、誰よりも元気に、今日も走り回っていた。足が速くなってきて、追いかけっこをすると一瞬で追いつかれてしまう。体重は一六・五キロ。着々と増えている。今日のご飯はゆでたビーツとキャベツのミックス。まだ野菜は口に入れるまで時間がかかる。気に入らない餌の場合は食べずに容器の横でふて寝。「これじゃないんだよ！」と意志表示しているようで面白い。今日は刻んで小さくしたのが良かったのか、ビーツで口と鼻を赤く染めながら食べてくれた。工夫して調理したものを食べてくれて嬉しい。

5月20日　水曜日　22日目

寝ている時は天使。今日も島民の方から野菜をいただく。ありがたい。それにしても、文章を書く元気がない。体力の限界。モモの体重は一七・五キロ、一日で一キロ増。野菜飯を食べさせるのには工夫がいる。やはり甘いものが好き。苺が好き。

5月21日　木曜日　23日目

朝、あとはわたしが着替えるだけで出発だ、とモモから目を離した一分間で、自室にうんちを撒き散らされた。起き抜けに排泄は終わったはずなのになんで？　と頭が真っ白になり、ものすごい勢いで怒鳴り、後ろ脚を摑んで外へ放り出した。汚物を床に染み込ませてなるものかと死に物狂いで清掃して消臭スプレーを大量噴射。一日の体力をすべて持っていかれた。

モモのことが愛らしい反面、憎らしい。この二つの感情を往復することが、生き物と向き合うということなのかもしれない。時に、モモを暴力的に摑んで外へ追い出したり、突き上げてくる鼻を足でガードしたりしてしまう。豚の打たれ強さは驚異的で、ペチンと叩いた程度ではビクともしないし、気づかない。養豚現場の映像で豚を蹴ったり板で叩いたりして移動させる様子を見たことがあるけれど、一〇〇キロを超えた豚は、そうでもしないと反応しないだろうな。モモを育てる前は、いくら言うことを聞かないとしても豚を蹴るなんて酷いと思っていた。いまは少し複雑な気持ちで、モヤモヤする。

ようやく片手で持てるアクションカメラを使う余裕も出てきたので、夕方の引き潮を狙って港の砂浜へ行ってみた。海藻、潮水、泥、貝殻、ゴミなどを発見しては鼻で突いて楽しそう。こんなに喜んでくれるなら、毎日連れてきたいな。

5月22日　金曜日　24日目

今日は仕事の後に同僚みんなで夕食。食事もお酒もおいしい。モモは扉の外で寝ながら待機。寝付かせるまでに大体一時間くらいはかかって、ご飯を食べさせたり遊ばせたりと忙しい。寝ていると思いきや、ムクっと起きてうんちしたりするし、気が抜けない。ただ、モモのお腹枕は最高の寝心地なので許す。

5月23日　土曜日　25日目

休日。モモはわたしの手のひらを枕にして寝る。いつもわたしはベッドで、モモはその横に敷いた大きめのカーペットで眠っているけど、度々モモに起こされるとベッドから動くのが面倒になってきて、カーペットに移動してモモを腕でホールドして寝る。目が覚めたモモは、邪魔そうにわたしの身体を鼻で突き、髪を食べたり引っ張ったりし始めるので、また逃げるようにベッドへ戻る。

そんな攻防戦でのんびり寝てもいられないので、百島の野菜が集まる土曜市という朝市にモモとキムラさんと行ってみた。片道三十分弱の距離をモモは軽快に歩く。この時期の朝は最高に気持ちいい。原付に乗ったおばちゃんが「モモちゃん！」と孫を可愛がるような声を上げて通り過ぎていく。

ただ、今回失敗したのはリードとハーネスを持参していなかったこと。すべての人間が動物を好きなわけじゃない。怖い人も苦手な人もいて、そういう人は好奇心旺盛なモモに近づかれると不安や恐怖を感じる。いくら百島が田舎とはいっても車は通っているわけだし、開放的になりすぎていたことを反省した。

そんな無防備さを見兼ねた島の人が、ビニール紐で作ったハーネスもどきを取り付けようとした瞬間、モモが白目をむいて絶叫した。苦しかったのか、これまでに聞いたことのない野太い悲鳴。モモの最期は、この声とは比べものにならないんだろうかと思い、鳥肌が立った。声が耳から離れない。

強引に気をとり直して散歩。しっかり歩いて熱くなったのか、モモは若干疲れている様子。水分を摂り、木陰で休みながら移動。涼しい海で少し遊ばせてから帰宅。今日はモモが食べる海藻を発見。海辺でよく見る海松《ミル》という海藻で、伊勢神宮では神饌《しんせん》らしい。韓国の全羅道《チョルラド》ではキムチにして食べるとか。ネットの情報によれば無味だけど食感が面白いようなので、気が向いたらわたしも食べてみよう。モモがいるお陰で、日々知らなかったことに出会える。

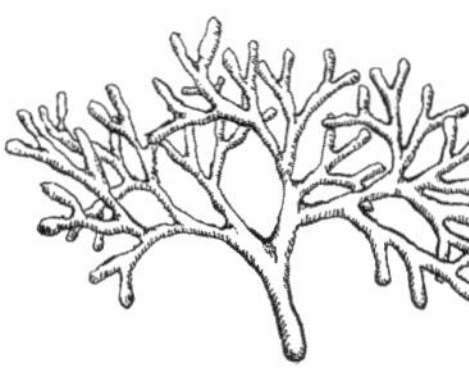

5月24日　日曜日　26日目

今日も海辺で散歩。リードをつけて歩く練習。ハーネスは嫌がらないけれど、リードで引っ張られると頑固に動かない。難しいな。人も車もいない浜辺に到着したので、ハーネスを外してあげた。いつもは行かない険しい岩礁まで探検に行くと、凸凹と藻の滑りで不安定な足場にも拘らず、必死でわたしの後ろをついてくるので驚いた。豚は足が滑る場所を嫌がるし、道路や歩道にある側溝を覆う鉄格子の溝蓋《みぞぶた》も怖がる。これは犬と同じ習性で、視力が弱いため大きな穴に見えているらしい。モモも最初は怯えて通ることができなかったけど、いまではピョンッと軽々飛び越えるし、環境への適応力が半端じゃない。すごいよ、モモさん！

5月25日　月曜日　27日目

仕事終わりにモモと散歩するのが日課になりそう。今日も、モモのために島の人が果物や乾物をくれた。とてもありがたい。

海辺に行くたびに海藻を確保すれば、モモの当面のご飯になるだろうか。ただ、海松を食べた後のモモのうんちが、若干気持ちわるい。完全に消化しきれないのか、黒い紐が編まれたような形で出てくる。

＊

仕事終わりに、ふと、豚の屠畜動画を見た。これまで何度も下調べで見てきたけれど、モモが生まれてからは初めてだった。正直、以前には感じたことがないほど寒気がした。すべての豚がモモの表情と重なる。何が一番恐怖を煽るかといったら音声で、無音ならそこまで怖くはない。

実は、モモが生まれた日から豚肉を食べるのをストップしていた。身体を一旦リセットしてからモモを食べようかな、という漠然とした理由だった。しかし、屠畜と解体、そして料理のことを考えると、わたしは覚悟を決めて修行しなければならない。よって、本日から豚肉解禁、率先

して豚料理を作っていくことにする！

5月26日　火曜日　28日目

今日は雨でモモを散歩に連れていけず、仕事で写真も撮れなかった。散歩しないと、やっぱり夜に元気が爆発。常に襲いかかってくるので、ご飯もシャワーも深夜十二時を越える。しかもモモの寝相がひどくて度々起こされる。寝不足。梅雨が来るのが怖い。

5月27日　水曜日　29日目

相変わらずハーネスは問題ないけど、リードで引っ張られるのは嫌がる。紐なしだと問題なく後ろをついてくるのに、リードをつけると、まったく前へ進まない。今のリード短いよね。もっと長いものを用意するか。

これまでは鼻で砂浜をグイグイ掘り進めて、色んなものを口に入れてみるという遊び方だったけど、今日は掘った場所に寝たり、身体を擦り付けたり、いわゆる泥遊びをし始めた。たまに、ホシムシという紐状の生き物を見つけてムシャムシャ食べながら、執拗に泥を掘っては身体を埋める。親に教えられなくても、泥遊びは本能的にできるようになるんだなあ。

5月28日　木曜日　30日目

モモの体重は一九キロ。野菜も食べさせているから、体重の増加は養豚場より遅いかもしれない。それでも、身体はあきらかに大きくなっている。

モモはお腹が空くとわたしが眠るベッドに顔をのせるようになり、朝はブーブーとわたしをつついて起こす係。よだれまみれの顔を手や足でガードしても負けじと来るので、フラフラと立ち上がって朝ご飯の用意。

今日は天気がいいので、仕事を抜け出して沖釣りをすることに。百島に四年もいながら、釣りは初めてだった。島の熟練の人にレクチャーを受けて、いざ、大漁という夢を見て、結局なにも釣れなかった。ただ、竿を振るのは楽しい。モモへの土産もなく不完全燃焼なので、夜は港へ浜釣りに。最初はモモを連れていったけど、海に落ちる心配から外灯にリードを固定したところで抗議のウンチ。ブーブー騒いで、せっかくの安らかな夜の海が台無し。仕方なく、モモを小屋へ戻して再度釣りに。ビギナーズラックを祈り、アナゴ狙いでいくも、結局釣れず。この日はまわりの誰もが釣れてない。こういう日もあるよな。そう笑ってみんなでビールを飲むのが最高だった。

5月29日　金曜日　31日目

モモが百島にきて一ヶ月。毎日を記録するって意外ときつい。面倒を後回しにして溜め込む自分の性格に呆れる。

コロナで外食できないストレスは豪華な自炊で解消せざるを得ないと、同僚のニシオくんがフォアグラ、キャビア、そしてトリュフを買うという暴挙に出た。コロナの影響で大量にロスが出た食品が破格で販売されているらしい。なぜ百島でこんな高級なもの食べているんだ？　という違和感は置いといて、スペシャルな日は大事だよね。モモ来島一ヶ月の祝いかな。モモにはトリュフを嗅がせながら食べさせた。いつか百島でトリュフを見つけてくれることを願って。

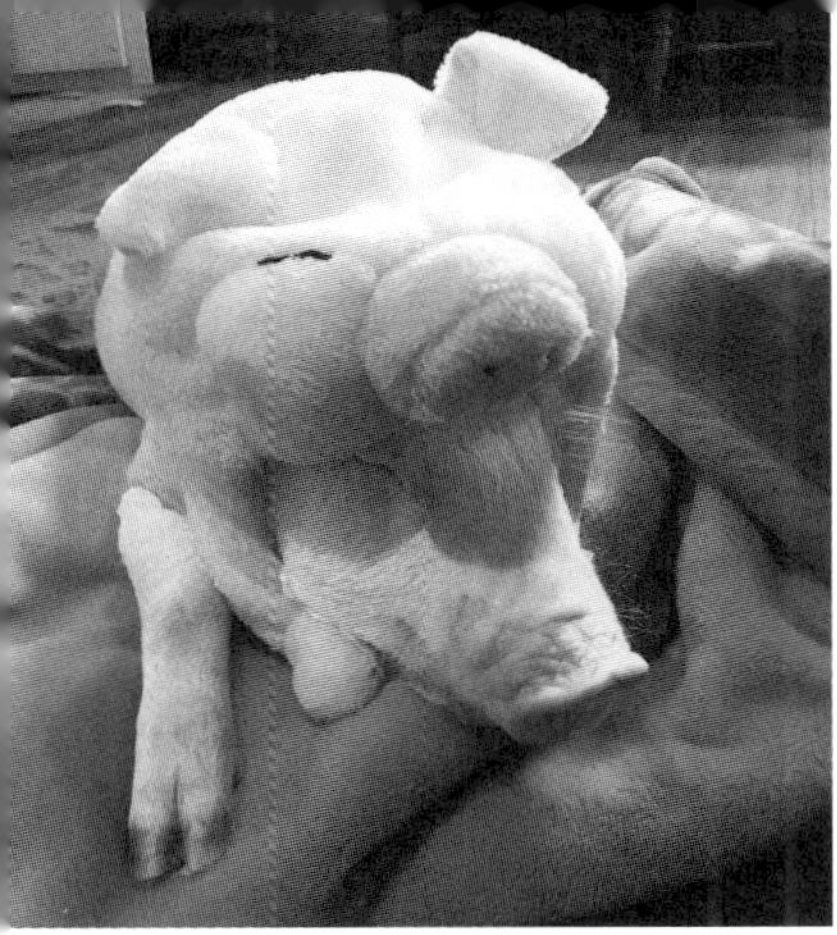

5月30日　土曜日　32日目

今日は雨。すごい低気圧で片頭痛がつらい。生理で身体も重い。休日でよかった。ベッドでずっとダウンしているわたしの横で、モモはかわらず元気。豚を飼うと言ったら誕生日に豚の帽子をもらったので、遊び疲れて眠ったモモにかぶせておいた。おやすみなさい。

そういえば、豚の帽子とあわせて青沼陽一郎の『侵略する豚』

という本をもらった。この本によれば、日本が一九五九年の伊勢湾台風で甚大な被害を受けたことをきっかけに、援助という形でアメリカのアイオワ州から三十五頭の豚が空輸でやってきた。トウモロコシ飼料とともに。そして今日の日本の豚のほとんどがこのアイオワ豚のなんらかの遺伝子を持っているんだって。となると……モモも？

5月31日　日曜日　33日目

祝二〇キロ！　順調に育っている。わたしの筋力では、もうモモを持ち上げて肩に抱くことができない。

以前に島の人からもらった古米は一五キロくらいあったけれど、もう三分の一になってしまった。最近は一日に六合は食べる。さて、これからの食糧確保をどうしようか。島に山のようにある柑橘類をまだまったく食べないので困っている。みかん豚になってほしいのに。良くも悪くも、人間の都合どおりにならない。

島の真っ暗な夜道では、前を歩くわたしの匂いと気配を辿って必死に追いかけてくる。背後から聞こえるモモの足音が心地いい。

6月1日　月曜日　34日目

相変わらず、気に入らないご飯がでると「それじゃないんだよ！」とばかりに抗議のふて寝をする。ジッと黙ってこちらを見つめて、訴えかけてくる。それを放置すると、不服そうにブッと近づいてきて足を噛んでくる。なかなか贅沢な子に仕上がってきている。

　食糧確保をどうしようかと考えていた矢先、友人のアーちゃんが高級品種のじゃがいも、インカのめざめを送ってくれた。伝票もしっかりとモモ宛て。ありがたいよ、わたしが食べたいくらいだよ……。モモがさらに贅沢な子に仕上がってしまう。味見で一つ蒸してあげたら、秒速で完食。幸せ者だな。

　モモが早めに寝てくれたので、ネットショッピング。夏に向けて虫除け、日焼け止めや化粧品を物色。モモを育てるために調べ物をするうちに、製造過程で動物実験や殺傷を行なっていない「クルエルティフリー」の商品が目に入るようになった。豚は動物実験によく使われる。犬や猫に比べて、豚は家畜としての印象が強いため動物愛護の対象になりにくく、価格も安くて数が入手しやすいらしい。こうした医療実験が人間を救っている事実を意識すると、間接的にも他の動物を犠牲にして自分たちが生きているという事実を重荷に感じる。いま開発が急がれているコロナのワクチンだって、まちがいなく動物実験が行なわれているし、多くの人がそれで救われるかもしれない。そんな中でクルエルティフリー認証された商品を買うのはちょっとしたガス抜きで、消費ニーズに合わせた商品戦略に踊らされていて、何一つ根本は変わらない悲しい悪あがきだと捉えてしまうと苦い味がしてくる。

6月2日　火曜日　35日目

仕事場のテラスでのんびりパンケーキランチ。たっぷりの生クリームを用意して、幸せだなあ……と寛《くつろ》いでいたら、進撃のモモ。最近は人間の食べ物に興味津々で、わたしの膝の上に乗り上げてまで食べたがる。蹄が太ももに刺さって、かなり痛い。おかげさまで全然ゆったりと食べることができず、手も服も泥だらけ。仕方ないなと生クリームがついた器を渡すと、ねぶり尽くしていた。よだれを垂らしてご飯を欲しがる顔は、目がキラキラしていてかわいい。

6月3日　水曜日　36日目

島の苺農家のハナダさんから沢山の苺をいただいた。この苺はアザミウマという害虫にやられ、生鮮はおろか冷凍苺としてすら販売ができず、これまで泣く泣く廃棄してきたものらしい。見た目が悪いだけで、食用にはまったく問題ない。オーガニックが良しとされる中、美味しさと美しさといった商品価値のために悪戦苦闘する農家さんたち。苺のような、季節に左右される品種の苗が害虫や病気でやられると、一年間の収入がなくなる可能性もある。どうしても生活がかかっているので、最低限の農薬や化学肥料を使う選択肢を採ると、健康被害や環境への負荷についてヒステリックになる人も出てきて、葛藤の中で作り続けているようだ。理想と現実はどこまでも折り合いがつかない。

モモが受け入れたものは、最終的にすべてわたしに還ってくる。日々の食事、ストレス、快楽、寂しさ……何もかもがモモの身に反映されていく気がする。だから、この苺もモモを通ってわたしに入ってくる。どうか美味しく育ってほしい。

6月4日　木曜日　37日目

モモは草むらが大好き。土堀りと探索に夢中になると、ほかは視界に入らない。そして絶句する量のマダニを連れて帰ってくる。家に入ったら、急いでピンセットでプチプチと取る。マダニは気持ち悪いけど、サルのグルーミングのようで、触れ合いとしては癒される時間。今日は同僚のドウちゃんが家に来て、この光景を眺めている。

日常は、あっけなく変化していく。前進するためには仕方がない。変化を恐れるとロクなことがない。そうやって過ぎ去っていく日々を何かの形にしたいと思い、モモを育て始めた気がする。モモのおかげで、わたしは生きて死ぬことを日々カウントしている。

6月5日　金曜日　38日目

体重は二二キロ。今日は同僚とバーベキュー。モモは、なぜか焼けた炭をおいしそうに吸ってポリポリ食べている。熱くないの？　そしてビールへの興味が増していて、余りをあげるとゴクゴク飲む。さらに、わたしの焼酎のロックを奪って飲む。本当に大丈夫なのか？　平然としすぎて心配になる。

6月6日　土曜日　39日目

体重は二三キロ。朝四時くらいから、モモがブーブー鳴いて何かを訴えてくる。わたしは眠さと抜けていないお酒で体が動かない。そのままベッドに倒れていると「シーーーーー」と嫌な音。慌てて起き上がると、モモが部屋の隅でおしっこを大放出。朝から大掃除する羽目になった。昨夜、モモはお酒をたくさん飲んだから、いつもより早く、そして大量におしっこしたのかも。モモが合図を出していたにも拘らず、扉を開けなかったわたしが悪い。ごめんね、モモ。

今日は同僚のドウちゃんにクロワッサンの作り方を教えてもらい、それが思った以上に楽しくて大変で、モモの写真を撮り忘れた。

最近のモモは自我が強くなってきて、抱き抱えようとすると強く抵抗する。「おいで!」と声をかけても無視して、ひたすら探索を続ける。あんなに寂しがり屋でわたしのそばについてきたのに、もう自立してしまうの?

6月7日　日曜日　40日目

体重二四キロ。ご飯を食べたモモは小屋の中に入れて、午前中だけ久しぶりに島外を楽しむ。ヨットに乗せてもらって、風を感じながら、日陰で寝てばかりいた。モモがいないと静かだ。たまには息抜きが必要。

今日は大潮。夕方六時の引き潮に合わせて海岸へいく。モモが泥々になりながら探索にいそしんでいると、「あー！　モモだー！」と声が聞こえる。振り返ると、岸壁から島の子どもたちが顔をのぞかせている。「泥だらけになるから、やめなさい！」と注意するお母さんたちを無視して、子どもたちがぬかるんだ海岸に突っ込んでくる。ただ、モモが大きくなっていて少し怖いのか、距離をとりながら「ブター！」と叫んでいた。

なにやら今日は港に人が多いなと思えば、島の玄関とも言える港のすぐそばに、たこ焼きスタンドが開店していた。コロナで職を失って島に避難してきた人が始めたらしい。久しぶりの飲食店に喜んだ島の人たちが集まって、夕日が落ちていく海を見ながらビールを飲んでいる。モモがせっせと浜辺を探索する姿を横目に、わたしもビールをゲット。海で遊ぶモモを眺めながら飲むビールは美味しかった。島のみんながモモの結末を想像して、それでもモモと触れ合ってくれるのは本当に嬉しい。

6月8日　月曜日　41日目

仕事終わりに同僚のキムラさんとドウちゃんと海へ。光が綺麗な日。今日もモモは浜辺を駆けずり回っている。とっさにすごい勢いで動き始めたと思ったら、小さなワタリガニを追いかけて、ハンティング。ばりばりと音を立てて嚙み砕き食べていた。弱肉強食。垣間見える捕食者モモ。誰も教えてくれないのに、なんで食べられるものだとわかるんだろう。生野菜はただの食わず嫌いか。

島の人に「何でこんなこと始めたの?」とよく聞かれる。いつもしどろもどろに、「話せば長くなるなあ」と答えて笑う。

いくらでも理由があるはずなのに、今のわたしはうまくそれを言語化できない。むしろ、時間とともに何のためにやっているのかわからなくなりつつある。何でわたしはこんなことをしているんだろう。

6月9日　火曜日　42日目

そろそろ天気が悪くなってきた。もう少しで梅雨入りだ。今日は梅の収穫をして、みんなで梅仕事。かなり立派で大きな梅干しができそう。傷物は梅ジャムにする。梅ジャムでつくるアイスクリームも美味しいんだな。

そんな美味しい梅には見向きもせず、泥遊びに熱中するモモ。海へ行けない日はグラウンドに水を撒いて遊ばせている。最近は暑いから、泥遊びをしないとバテてしまうようで、日陰で寝てばかりいる。食欲はまったく落ちていないので健康ではあると思う。

6月10日　水曜日　43日目

とうとう辺境の百島にもアベノマスクが配達された。家畜はコロナに感染しにくいみたいだけど、心配なので、わたし

とモモは一世帯として、二枚のうち一枚をモモにあげることにした。半狂乱になって鼻をブンブン振って暴れまわり、強烈に嫌がっていた。

6月11日　木曜日　44日目

体重は二五キロ。梅雨入りして、高い湿度が苦しい。

モモは蒸し暑さでバテている。寝る時には扇風機をかけていたけど、蒸し暑さにイライラしたのか室内で暴れたモモは扇風機を壊して自滅した。あほやな。

モモに食べさせるものを考える日々。今日はお昼に出た手羽元の残りと骨を試しにあげてみた。喉にささるからあげない方がいいのかなー……という心配をよそに、バリバリ、ゴリゴリと噛み砕いて十分足らずで完食。強靭な顎と喉になってきた。それにしても良い音をたてて美味しそうに食べるので、こちらも幸せ。

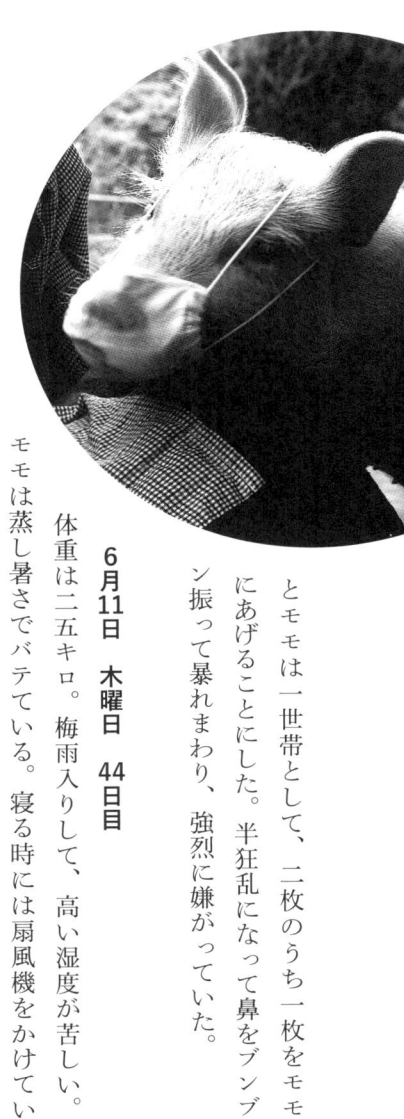

6月12日　金曜日　45日目

モモが言うことを聞かない。探索への熱が高まって、わたしが連れていったことのない場所まで、先陣を切って突き進むようになってきた。モモを追いかけると、四年近くいる百島の知らない道に出会ったりする。百島は空き家だらけで、かつて住んでいた人々の名残は鬱蒼とした草木

に飲み込まれて崩壊しているところも多い。モモとその中を彷徨《さまよ》い歩くのは、冒険みたいで楽しい。ただ、巨大なマダニを持って帰ってくるのだけは勘弁。

6月13日　土曜日　46日目

モモは今日も暑さでバテている。寝ている時に舌を出しているのがかわいい。梅仕事をして残った完熟梅を煮てあげたら、最初は嫌がりながらも最終的に完食。梅の種まで嚙み砕いて食べたので、下痢する毒素が作用しないか不安。最近のモモは日々快便で、一度に大量のうんちをする。なので、毎日掃除に奮闘している。

＊

島の人との集まりでお酒を飲むと、モモの話になる。島の人だけで議論したり、わたしに質問や意見を投げかけてくる。「かわいがって食べるなんて酷いわ！」「いや、自分は食べられんかもしれんけど、根本的な問題を扱っとるとは感じるんよねえ」など。「生きるってどういうことなんだろう」と、そんな会話が自然と生まれる。

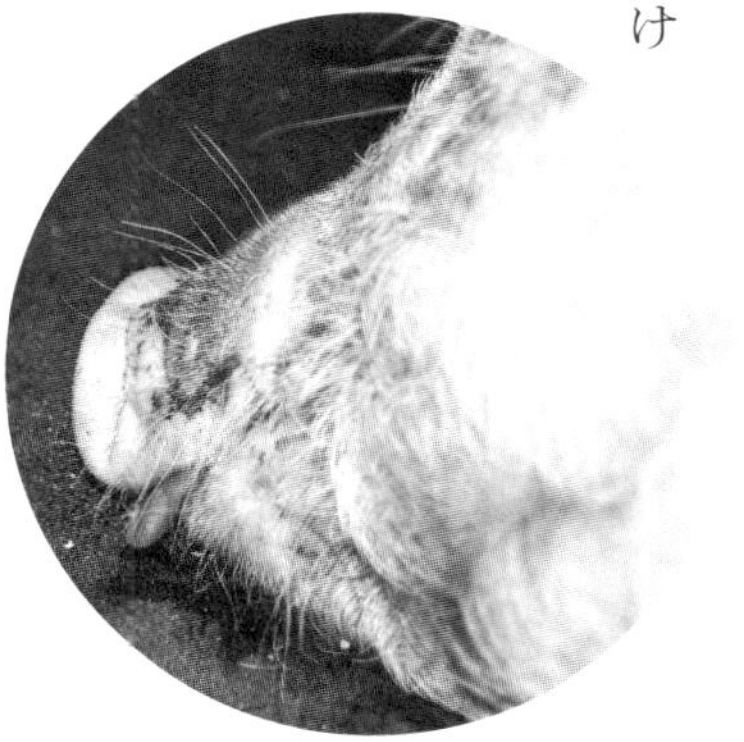

6月14日　日曜日　47日目

体重は二八キロ。順調に増えている。夜中はすごい雨でなかなか眠れなかった。というか、モモを飼い始めてから熟睡が難しい。二時間おきには起きてしまう。子育て……

モモの食糧危機が到来。島の人がたくさん野菜や残りものをくれるけれど、モモは食べる量も多ければ好き嫌いもするので困っている。最近は食べたくないとトイレの扉の前に座り込む。わたしがトイレに行きたくても、なかなかどかない。

モモと散歩していると、島の人から「動物に名前つけちゃったら、自分なら殺せないわ。可哀想じゃん」と言われたりする。名前って、あるだけで存在が肯定されるし、未知を理解するためにも名づけは必要な作業。だから、やっぱりモモと名づけてよかったと思うし、これからも、何度でもモモの名前を呼ぶよ。

6月15日　月曜日　48日目

食糧危機なので、時期的にはギリギリだけど真竹《まだけ》の筍を取りにいく。ちょうど昨日雨が降ったので、すごい勢いで生えていた。いそいそと大量収穫。モモが直接掘り返して食べてくれたらいいなと一緒に連れて行ったけど、筍は無視して竹林のそばにある泥の山で遊んでいた。とってきた筍の皮を人間が剝き、豚のモモ様はこれを待っている。

＊

働きながらモモを育て、そして作品のために撮影するのに限界を感じてきた。仕事終わりはモモの世話に時間のすべてをとられて、まったく他の作業が出来ず、眠りにつく。しかも熟睡できないので寝不足。現にSNSすら更新が難しい。ものすごいストレスが溜まってきたので、来週から出勤日を減らしたいと仕事場に申し出た。モモを食べる日が来るまでは、できる限りモモと過ごしたい。このお願いを快く受けてくれた周りには本当に感謝している。

——後日談。しかし、変わらず仕事は忙しく、結果として出勤日を減らすことはできなかった。社会人ってそんなもんだ。

6月16日　火曜日　49日目　因島

仕事で因島《いんのしま》へ行く。いつもお世話になっている方にモモのことを話すと、因島で猪の猟と駆除をしているフジワラさんという方を紹介してくれた。この辺では有名な方で腕も随一らしく、とても明るくて気持ちの良い人だった。急にも拘らず猪を捌く部屋まで見学させてもらい、今後タイミングが良いときに捌き方のレクチャーを受けさせてもらうことになった。モモを通して不思議な人脈ができる。おもしろいなあ。

6月17日　水曜日　50日目

今日もせっせと筍掘り。昨日は雨が降らなかったので、前回ほどの収穫はなし。竹藪の中にモモも入ってきて土を掘り、楽しそうにしていた。

モモのいる日常が当たり前になってきて、それ故に、終わりが来ることに対して非現実的な感覚になっている。わたしはできるんだろうか……と毎晩頭を過《よぎ》るけれど、結局その日が来てみないとわからない。

6月18日　木曜日　51日目

強い雨。ねぼすけだったモモが朝五時半に起きるようになってきて、ムクっと起きたらドアの前へ行き、「ブッ！」と鳴く。ご飯と排泄のため、朝が苦手なわたしも重い腰を上げざるを得ない。

雨の日は言うことを聞かない傾向にある。常にリードで移動させるようにしているけど、引っ張ると地鳴りのような低い声を出して踏ん張り動かない。その力でハーネスの金具もひん曲がって壊れてしまう。「もう知らないよ！」とリードを放り投げ、わたしが一人で歩き始めて見えなくなると、途端に不安になるのか全力で追いかけてくる。小さい子どもが駄々をこねるのに近い。三〇キロを超えた身体はものすごい筋力で、全力で走られると追いつけないほど足が速くなった。暴れると大変だし、親離れ子離れという意味で、モモと一緒に寝るのもあと少しかなと思っている。かなり寂しい。

6月19日　金曜日　52日目

重すぎて体重計に載せられない。手元にある上皿はかりが三〇キロまでしか測れないので、新しく一〇〇キロまで測れる人間用の体重計を調達した。どうやって載せるかはさておき……。

今日もモモと筍掘り。やっぱり自分では筍の皮を剝けないモモ。仕方ないので、またせっせと皮を剝いてあげる。感謝してもらいたい。

こうして甘やかしているからなのか、モモは人間の足の甲をよく噛むようになった。本人、いや本豚はじゃれているつもりかもしれないけど、本当に痛い。そして靴下が好きなので、足の甲を噛むついでに奪おうとする。仕方ないので脱ぎ捨てて、モモに献上。靴下と遊び疲れたモモはスヤスヤと眠りについた。


朝方、モモの排泄シグナルを察知して外へ連れ出す。少し下痢気味で量が少ない。筍のせい？念のためにとモモにおむつをつけた瞬間にモリモリと排便。ギリギリセーフ……

6月20日　土曜日　53日目

朝からモモに吹っ飛ばされた。出勤のためリードでモモを玄関に繋いで自分の靴を履いていたら、いきなりモモがわたしに向かって突進。このタックルを避《よ》けたら、モモを固定していたリードがわたしの身体を一周し、腰からすくい取られるように巻き込まれて吹っ飛んだ。自分の身体が宙に浮いたのは久しぶりで、スローモーションの視界に「あっ……こりゃいかんわ」と、とぼけた感想が頭を通過した。なんとなく受け身はとったものの、コンクリート床に後頭部を打ちつける。これが朝まもなくの出来事だから、もはや変な笑いさえ込み上げてくる。何やってんだ、自分。この経験は、わたしにとって何なんだろうな……それにしても頭痛いな！

　モモを叱る余力もなく、若干落ち込みながら歩いて出勤。すると、いつも道草をするモモが素直にわたしの後ろをついてきた。この日は、なんとなく言うことを聞いてくれた気がする。怪我の功名？　悪気があるの？

6月21日　日曜日　54日目　因島

朝六時過ぎ、モモの世話をしていたら着信。猪の駆除をしている因島のフジワラさんより、「三〇キロくらいの小さいやつが罠にかかってる

が、解体しに来るか?」とお誘いをいただいた。

それは行かなければ!

急いでモモの朝の世話を済ませ、お昼ご飯はキムラさんにお願いし、出発。解体を教えてもらう場所は、百島から船と車で一時間。道中、あらゆる想像が駆け巡る。三〇キロといえば、今のモモと大体同じサイズ。今の小さなモモを仕留めるようなものだと思うとゾッとした。これまでのモモと過ごした日々が回想されたりして、運転しながら、じわっと涙まで出てくる。怖いなー……帰っちゃおうかな……なんて思いつつも、手足は動いて時間通り十時にフジワラさんと合流。「よっしゃ、行くぞ!」と元気な掛け声で軽トラを走らせるフジワラさんを追いかける。山へ入る途中で車が縁石に乗り上げてしまい、あきらかに自分が動揺しているのを感じる。

十五分ほど山の中をグルグルと周り、ある山道の前で、「ここ!」とフジワラさんの軽トラが止まった。その山道の途中にある獣道《けものみち》から山に入ると、くくり罠に小柄な猪がかかっていた。暴れ疲れた様子でおとなしい。しかしわたしたちの気配に気づいて素早く立ち上がった。その瞬間、フジワラさんが猟銃を発砲。見事こめかみに命中。猪は一瞬にして崩れ落ちた。「よっしゃ、血抜き!」と罠から猪を外して仰向けにすると、喉元を浅めにナイフでグサリ。ドバドバと血が吹き出してくる。「すぐに吊り下げ出来ない時の血抜きにはコツがある!」と言って、猪の太ももや胴体、頭をガンガン踏む。すると首からさらに血が吹き出してきた。「一緒に運ぶぞ!」と言われ、専用ロープで猪を山から引きずり下ろす。小柄といっても、重い。モモよりは大きいので四〇キロくらいか……脱力しているので、踏ん張らないとびくともしない。フジワラさんの「腕をつかうな！　身体で引け！」という指示のもと、無心で引っ張り、なんとか山から下ろすことができた。

解体場所へ車で移動。「所用があるから、報告写真と簡単な処理だけする！」と手早く作業するフジワラさん。この時期の猪の捕獲は駆除が目的。駆除は一頭につき県と国から手当が出て、合計一万円くらいになる。罠など設備にもお金がかかるので、せめてそれくらいは無いとやれないかもしれない。報告には耳と尻尾の現物が要る。胴体には日付をカラースプレーで書いて、切り取ったパーツと合わせて撮影。体の向きが左右違ったり、切り取った耳が写ってなかったりするとお金がもらえないなど、報告内容には厳しいチェックが入るらしい。撮影が終わると猪をクレーンで吊り上げて、高圧洗浄機で血と汚れを流す。野生の猪には絶句する量のマダニがついていて、特に股あたりの毛の薄い部分には五百円玉ほどのサイズまで。正直、このマダニがトラウマだ。潰すと中身がベチョッと出て、最悪。

洗浄が終わったら内臓を出す。クレーンから下ろして仰向けに寝かせ、フジワラさんは血抜きをした首から縦にナイフを入れて、胃や腸などの内臓は絶対に傷つけないように、と教えてくれながらサクサクと切り進めて内臓を引きずり出していく。この猪はメスだった。「こりゃ、子を産んどるのう」と終わりの見えない駆除にぼやきながら内臓を出し終えたフジワラさんは、再び血抜きのために太ももや背中あたりを踏んで、出てきた血を洗い流した。そして九〇リットルのポリバケツに全身を入れて大量の氷と水を流し込む。冷やした方が傷まないし解体しやすい、と。ここまでで一区切り。

所用を済ませたフジワラさん、そしてフジワラさんの奥さんとおばあちゃんと一緒に昼食をいただく。奥さんに「怖くない？　大丈夫？」と心配される。身の上話などから見えてくる彼らの人柄は素晴らしく、何事にもポジティブな精神には励まされた。

午後一時。いよいよ解体。まずは皮剝《かわはぎ》から。モモより毛深く長い剛毛に覆われた皮膚は、生ぬるくて柔らかい。コツを何度も指導されながら剝いていく。かなり難しい。出来る限り肉に脂肪を残そうと思うと、皮をとにかく薄く削がなければいけない。でも、力加減を間違えると皮が破けてしまう。脂でヌルつく手をうまく使えず、まどろっこしい。これは練習が必要だ……。そんなに大きくない猪なのに剝皮《はくひ》だけで一時間はかかった。次は電動ノコギリで背骨をタテに真二つにする。非力なわたしにとっては、かなり辛い作業。筋トレ始めるかなあ。どうにか二つに割れたので、手足を骨に沿って取り外し、肉を削ぐ。ヒレをとり、肋骨をすきとり、肩、上ロース、ロース、バラ、モモ肉に分けていく。気づくと夕方五時をまわっていた。

七時過ぎに百島へ着き、急いで帰宅。モモに遅めの夜ご飯をあげて眠らせた。モモの世話をすべて終わらせてからシャワーを浴びたけど、モモはわたしから猪のにおいを感じ取ってしまっただろうか。

6月22日　月曜日　55日目

夕方に海辺を散歩中、モモに泥へ引き摺り込まれる。反抗期か？

6月23日　火曜日　56日目

暑くなってきたしモモを海に入れてみようと、仕事終わりに長靴を履いて散歩へ出発。これが悲劇の始まりだった。モモ、楽しいね！　と海辺を歩き回っていたら、あれ、足が動かないんですけど……あれ？　足が抜けない！

長靴ごと膝までズッポリと泥に埋まってしまった。撮影を補助しにきてくれたキムラさんも泥にハマってしまい、お互いに動けない。どうやら、モモを追いかけているうちに砂浜からヘドロ沼に突入してしまったらしい。モモだけ平気そうに駆け回り、泥遊びしている。間抜けな状況に笑いが止まらない。本当に足が抜けない。足を動かすほど沈んでいく。散々騒いだのち、長靴を脱ぎ捨てて素足で脱出。長靴は、わたしより小柄で体重の軽いキムラさんが救出してくれた。全身ヘドロだらけで悲惨な風貌になり、疲労困憊で歩いていると、港で島の人たちがビールを飲んでいる。キムラさんにはお詫びにビールとたこ焼きを食べていただいた。それにしても、悲劇の後のビールはうまい。そんな気持ちいい時間も、泥だらけで真っ黒になったモモがたこ焼き欲しさに暴れ始めたので早々に終了。そうは言っても飲み足りないので、モモの身体を洗って、小屋にいれてご飯をあげて、飲み直し、終了！

6月24日　水曜日　57日目

バーベキュー。人間が豚肉とジビエを焼いて食べ、それを欲しがる豚のモモ。共喰いは危険なので徹底的に避けていたのに、わたしの目を盗んでこっそり奪い食べていた。同種の肉を食べると凶暴な性格になるとか、病気になるとか、諸説あるよ、モモ……

6月25日　木曜日　58日目

新しい体重計に載せてみた。三五キロ！　でかい！

日暮れ前にモモと散歩していると、野良猫軍団に遭遇。モモは自ら率先して猫に近づいていくけれど、すべての猫に警戒されて逃げられる始末。モモは仲間が欲しかったりするのかな。

6月26日　金曜日　59日目

夜、モモには初めて小屋で寝てもらった。

いつも一緒に帰って寝ていたけど、身体が大きくなって、わたしの腕時計を食べて壊したり、棚や扇風機に突進して壊したりと、破壊行動が増えてきた。屋内でストレスを

感じているのかも？

そろそろ親離れ、子離れの時かな。ひとりで真っ暗な夜を過ごすのは寂しくないかなと思いつつ、夜ご飯をしっかり食べたらドサッと小屋で寝始めたモモを見て、わたしの片思いだと知った。わたしがいなくても平気なのかなあ。

久しぶりに一人の夜を過ごした。モモがブーブー騒ぐことも、モモにおならをされて「臭い！」と騒ぐこともない。モモのために電気を早く消さなくていいのでゆっくり本が読めるし、シャワーもモモの気配を気にせずに浴びられる。久しぶりの落ち着いた時間にホッとしながら、同時にモモのことが心配になって、遠くにいるモモの気配を探す自分がいた。

うーん、親離れ、子離れ……。

6月27日　土曜日　60日目

早朝、初めて小屋で寝たモモを見にいくと、お腹を空かせてブーブー騒いでいた。小屋から出してご飯を食べさせ、散歩させたり水浴びをさせたりと休日を謳歌。モモと一緒に寝ない方が、余計なストレスが溜まらず愛しやすい気がする。育児もそんな感じなのかな。

モモと遊んでいると、目元にマダニを発見。指でこすっても取れない。かなり目に近いので、なんとしても取りたい。でも、外だと暴れて取らせてくれない。仕方ないので家に連れて帰る。部屋に入ってピンセットで肌をシャリシャリと擦《こす》ると、「マダニとり、まってました！」とゴロ

ンと横たわって目を閉じるモモ。無事、マダニ取りが終了した後は、なんだか外へ出るのが億劫で、部屋の中で鏡を使ってモモと遊んでいた。やっぱりモモは鏡を認識できてないみたい。そのまま一緒に眠った。

6月28日　日曜日　61日目

モモ、立ち上がる。

わたしが明日から熊本へ出張なので、今日も小屋で寝てもらう。もう一緒に夜寝ることは、多分、ない。

　晩に出張準備をしていたら、膝裏に爪でつねられるような痛みが走る。驚いてズボンを下ろすと、二ミリくらいのマダニが刺さっていた。わたしの血を吸って、少し身体が膨らんでいる。まさか、一週間前の猪の解体から身体にくっついていた？　自分の肌に刺さったマダニは、モモについている時より格段に気色悪い。ワセリンで時間をかけて窒息死させる気分にもなれず、クチバシが残らないことを祈りながらピンセットで摘んでプチっと抜いて、ティッシュでぺちゃんこに潰した。むかつく。

6月29日　月曜日　62日目　津奈木、水俣

どうしても外せない出張で、モモの世話をキムラさんにお願いする。三日間も離れたら、モモはわたしのことを忘れてしまうんじゃないかな。

水俣の夜は、スタジオビーガンというお店に行く。インドでの経験から徹底したヴィーガン料理を極めた夫妻が生み出す品々は、本当に素晴らしかった。野菜と対話するような調理に、カラフルで愛嬌のある盛り付け。あらゆるスパイスを巧みに使った味わいは、ヴィーガン料理特有の物足りなさも感じさせない。自分でもこんな料理が作れたら経済的で、ベジタリアンやヴィーガンになるのもいいなと思う。でも、その前にわたしはモモを美味しく調理して食べることができるんだろうか。そんな不安が限界まで食べた胃に流れ込んで、もやもやと消化できず眠れなかった。情けないなあ。

6月30日　火曜日　63日目　津奈木、水俣

出張中、キムラさんからモモの報告を受ける。ありがたい。モモは元気そうで、人懐こいから誰とでも仲良く楽しめている。

＊

出張先のホテルで、モモの夢を見た。小屋を見に行ったら、モモが通常の半分ほどの小ささになり、痩せて弱っていた。水の入ったホーローの桶の中でうずくまっている。今にも死んでしまいそうなその姿に、わたしは悲しくなって慌てふためき、モモを抱き抱えてご飯を食べさせようと走り回って……というところで目が覚めた。

いま仕事で関わっているヤナギさんの熊本県葦北《あしきた》郡津奈木町《つなぎまち》のアートプロジェクトは、隣接する水俣市のチッソによる公害の被害を受けた地域なので、もちろん水俣病も重要なテーマ。ユージン・スミスが撮影した、水俣病に罹患《りかん》した女の子をお母さんがお風呂に入れている写真を見て、夢に現れたモモの弱った姿を思い出してしまった。うーん……

7月1日　水曜日　64日目　津奈木、水俣

今日もキムラさんからモモの報告をもらう。ネットで購入したマダニよけの首輪が届いたようで、つけてもらった。大型犬用を買ったのに、モモの首が太すぎてピチピチ！　おデブ！　早く会いたいなー。

7月2日　木曜日　65日目

出張終了。三日ぶりにモモに会う。

帰宅前に食糧調達。ネットで農家から出たクズ米（欠けたりして出荷できないもの）を六〇キロほど購入したので、島外にある輸送会社の営業所へ引き取りにいく。島まで配達してもらうと送料が倍以上かかるので仕方ない。農家によって差はあるけれど、大体三〇キロの袋で三千円と送料。破格な農家だと千五百円くらい。人間がいつも食べるお米が三〇キロ八千円とすると、半額から四分の一以下と安価。千五百円の送料の方が負担に思えるくらい。さらに車で島に乗り入れるとフェリー代が高くつくので、台車に米袋を載せ替えて手押しで乗船。六〇キロ、重たい……。こういう時、島は高くつくし不便だ。とにかく安い輸入飼料は使うことなく頑張りたい。

これからモモは米豚になるんだ。

三日も離れたのは初めてなので、わたしのことなんて忘れてるかな……いや、わたしを見たら嬉しくて飛びついてくれるかな？　とか、色々考えたけれど、実際は三日前と変わらず、「腹減った！」という欲望がむき出しのモモだった。ご飯や排泄を除けば、他者に分け隔てなく接するモモ。ゆえに、飼い主の特権はあんまりない。せつない。まあ、そんなものかもしれない。

それでも、わたしはモモを三日間寂しくさせてしまったと思い、お詫びの気持ちで沢山の山芋を買っておいた。サクサクと、いい音を立てて食べていた。

7月3日　金曜日　66日目

体重が四〇キロになった。買ってきたくず米は、意外と美味しい。粒が欠け、色が悪いだけで、人が食べてもしっかりと米の味を感じられる。モモは炊飯器で炊いたくず米を一日に十合食べる。おデブ街道まっしぐら。

7月4日　土曜日　67日目

梅雨だ。出張したばかりの津奈木や水俣方面の大雨被害が心配。

干潮を狙って海へ。小雨なので、傘なしで島を歩くと霧のような雨に包まれて気持ちよかった。海辺を探索していたら猪の頭部の骨を発見。下顎も近くに流れ着いていて、上下ともに歯が全て揃った、完璧な骨格標本状態。モモは骨に棲《す》みついていた小さなカニを食べている。それは同種の骸《むくろ》だぞ……ということばを飲み込み、ビニール袋に骨を入れて持ち帰った。

7月5日　日曜日　68日目

おいでよ、どうぶつの森。昼間から子連れ猪が出現。モモをグラウンドに出す時はそろそろ門を閉めないといけないか。

モモは雨の中でも勇ましく、わたしの足にすごい力でアタックしてくる。大量の蚊に襲われるので雨のグラウンドは嫌いなんだけど、モモが輝いているので耐える。とにかくマダニだけが心配。豚ってどうしたらいいんだろう。犬用スプレーとか使っていいの？　マダニ除けの首輪は何の効果もなかった。

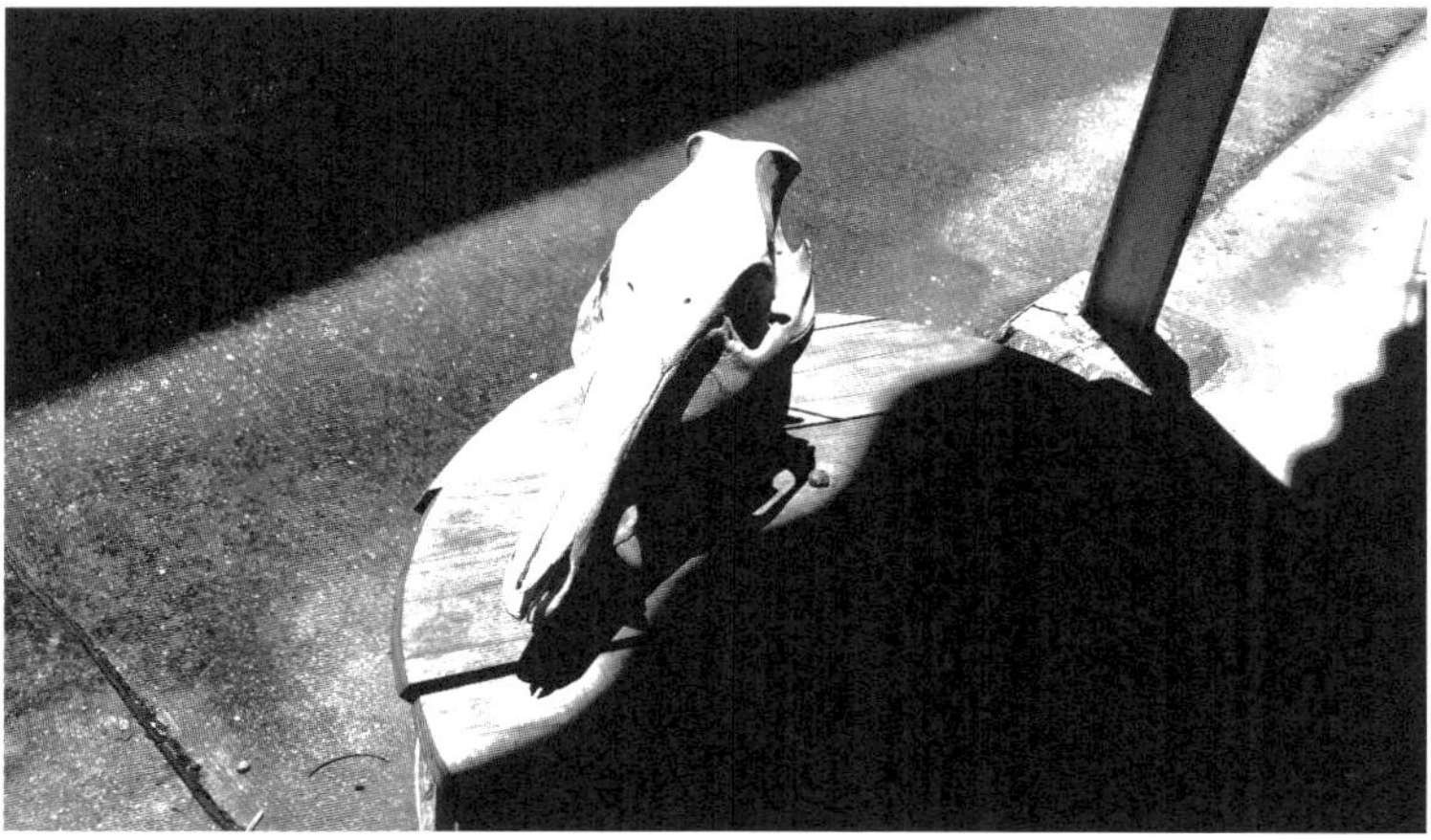

7月6日　月曜日　69日目

一昨日拾った猪の骨を綺麗に清掃して干した。続く雨の中、モモは遊び、食べまくり、まさに泥のように眠っていた。

7月7日　火曜日　70日目

書き忘れた。

＊

最近、動物をモチーフに扱ったり素材として使用する芸術家や作品のことをよく考えている。アメリカの女性画家のジョージア・オキーフにとって荒野で拾った動物の骨は、時代を超越した砂漠の美しさと揺るぎない精神の象徴だった気がする。でも、同じく動物を扱うイギリスの芸術家のダミアン・ハーストは、その存在を巧みに利用しているだけな気がする。違いは何だろう。

7月8日　水曜日　71日目

百島に大雨警報が出た。さすがに外で寝るモモが心配すぎて、昨夜は家の中に避難させた。十日ぶりの室内に少し落ち着かない様子でモモは歩き回っていたけれど、マダニとりをしているうちにスヤスヤと寝始めた。

雨が止んで静かな朝四時にモモが起床。早速わたしのベッドに乗り上がってくる。本当に大きくなったなあ、と抱きしめたら頭突きされた。部屋におしっこをされては困るので、いそいそとグラウンドの小屋へモモを戻した。

7月9日　木曜日　72日目

推定四三キロ。人間用の体重計の幅では足りないので、家畜専用の体重計を買うか迷っている。でも二十万円近いものばかりなので、激安の中古が出てくることを祈っている。

雨の上がった時間を狙って、モモと海を散歩。百島の生活排水は、そのまま海へ流れているらしい。だから砂浜はヘドロだらけで、モモの身体は真っ黒になるんだ。うーん……

7月10日　金曜日　73日目

一日にお米を十合以上食べるようになっている。口元を動画撮影すると、早送りしたのかと錯

覚するほどのスピードで、相当な早食いだ。やはり野菜は好んでは食べない。

7月11日　土曜日　74日目

ボーイ・ミーツ・ガール。散歩中の秋田犬と三元豚の出会い。まさか異種間の交尾が発生してしまうのか？　と冗談まじりに様子を見た。出会い頭からまったく恐れず近づくモモに秋田犬は驚いて身を引いていたけれど、徐々にお互いの臭いを嗅いで確認し合い、意外と仲良くできるのかもと思いきや「性交渉させてくれなかった女に対して暴力を振るう男と、それに抗う女」の展開に。本能なのか性質なのか、とにかくモモが可哀想で、酷く苛立っているように見えて、身体を綺麗に洗い、いつもよりご飯を多く出してあげた。

7月12日　日曜日　75日目

明けない梅雨。先走った蟬が鳴いている。低気圧で頭が痛い。炊飯器のスイッチを押し忘れ、水を吸っただけの生米になってしまう。試しに、これをモモにあげてみた。ある程度ついて口に入れ、すぐ地面を物色し始めたので、食べづらかったんだろうな。慌てて炊き直した。

7月13日　月曜日　76日目

強い雨の音で、わたしの気配に気づかずモモは爆睡する。ふと、そういえばいつもモモは毛布のそばで寝ている気がして、それはわたしの部屋にいた時から使っているものだったりするので、どこか満たされた気持ちになる。
それにしても、モモに泥だらけにされた洗濯物が溜まってきている。早く晴れて欲しい。

7月14日　火曜日　77日目

雨でグラウンドに出る時間が短い。最近、モモの体についたゴミとマダニを一瞬で判別できるようになってきた。こんな能力、いらないんだけど……

7月15日　水曜日　78日目

昨晩は飲みすぎた。頭が痛い。本日は作品設営で美術家のエノキさんとイケウチさんが百島にきて、モモのことを可愛がってくれた。二人に突進すると怖いのでハーネスをつける。度々壊されるハーネスは変形して、胴体に巻きつける方法が定着してきた。殊のほか扱いやすいけど、たまに抜けてモモが逃げる。

最近、島の人に「モモちゃんが豚になった」と言われる。さらに「豚って知能が低いんでしょ？」「汚くないのかな？」とも。

モモが小さいころは、誰もそんなことを言わなかった。

7月16日　木曜日　79日目

午後は雨が止んだので仕事終わりにバーベキュー。モモはみんなに囲まれて、（美味しそうな匂いにも包まれて）嬉しそう。はしゃぐモモのせいで、まったく落ち着いて食べられない。エノキさんは神戸のおいしいパンをモモの分まで用意してくれて、その手で直接あげていると、欲張りなモモに乗っかられて襲われてしまい、慌てて引き剝がした。とりあえず人様に迷惑をかけないでくれ……

7月17日　金曜日　80日目

最近フィルムでも撮り始めて、すぐにSNSにアップできる写真がなくなっていることに気づく。

今日は肉料理の練習として猪のベーコンを作った。燻製ではなく、ガスオーブンで紅茶の葉やハーブ、スパイスと一緒に九十分ほど低温調理したもの。これがなかなかいい！　淡白な脂の猪は、ベーコンがベストなのかも。お酒のつまみにすると一瞬でなくなる。

そんな私とは裏腹に、モモの食欲が落ちている気がする。暑いのか、お米に飽きたのか。お米以外のものは一瞬で食べきるので後者な気がするけど、観察を続けてみる。

7月18日　土曜日　81日目

いつもモモはグラウンドに転々と、しかし大体決まった位置で排泄する。マーキングなの？暑い中、モモの大量のうんちをスコップで拾って片付けるの、しんどい。

昼に外でモモと一緒にご飯。モモには山盛りの野菜炊き込みご飯、わたしは猪ベーコンのカルボナーラで優雅なランチタイム。と、いうわけにも行かず、またしてもモモは勢いよく前足からわたしの太ももに乗り上げて、パスタを奪おうと必死の形相。一ヶ月前の争奪戦時より格段に身体が大きくなっていて、太ももに食い込む蹄が強烈に痛い。帰って服を脱ぐと薄紫色のあざができていた。

7月19日　日曜日　82日目

モモと泳ぐ！

久しぶりの晴天。暑さに耐えきれず、今年初の海水浴。綺麗な浜までモモと長距離散歩。紫外線が肌に突き刺さって痛い。今年は相当日焼けしそうだ。地面もかなり熱く、アスファルトの上をモモが歩くのは苦行と予想して、最寄りの浜辺まで出て海岸線を沿うように砂浜を歩くこと三十分、それでもモモはバテてきたのかハアハアと息を切らしている。わたしも汗が止まらないので、途中の自動販売機でポカリスエットを買い、モモとシェアして水分補給。カラカラに乾いた身体に染み渡る。モモも一瞬で飲み干していた。

到着した浜には先客の島の人たちがいて、モモが泳ぐか一緒に様子を見る。後ろからついてくるのを確認しつつ、誘導するようにわたしが先に海へ入ると、モモは波打ち際で警戒するように足を止めた。やっぱりなかなか入らないかな……「モモー」と呼んでみる。すると、ゆっくりと足を進めて腹まで水面につけてくれたので、まさかと思い喜んでいたら、じゃぶじゃぶと泳ぎ始めた！　豚は水泳が得意とは知っていたけれど、浸かってすぐに泳げるとは思っていなかった。モモは熱い身体を冷やすことができて至福の表情。声をかけるわたしを追いかけてくる姿は本当に可愛くて、目がキラキラと輝いている。犬かきのように手足を動かし、思った以上の速さで追いかけてくる。追いつかれると蹄のフルスイングが当たって痛い。

＊

中国の五行思想は豚を水畜と位置づけている。農民が雨を求め、そして洪水から逃れるために天へ祈る際、お供え物として最も捧げられるのは豚だと言われている。これだけ泳ぎが得意なら、そのポジションも理解できた。災害大国日本、モモを捧げたら、どうにかなるかしら……。

7月20日　月曜日　83日目

今日は陶芸をしてみている。
普段やらないことが無性にやりたくなる。どこかでモモから離れたいのかな。それでも、粘土を適当に捏《こ》ねているとモモの形になる。いつだってどこでだって、モモのことを考えている。それが楽しいような、苦しいような。

7月21日　火曜日　84日目

窓際に座るモモを眺める。いつのまにか、窓のフレームの幅に身体がおさまらなくなっている。大きくなったなぁ……

7月22日　水曜日　85日目

今日は気分転換で、米ぬかを炊いたご飯に混ぜてみた。最初はそっぽを向かれたけど、なんだかんだ食べてくれたので嬉しい。モモを撮影していると蚊に襲われてつらい。

蚊除けのスプレーを大量消費している。モモの身体にも大量の蚊が食らいつくのでオーガニックで赤ちゃんにも使えるという虫除けを使ってみたけど効果の実感なし。モモの身体を洗うと毛の薄いお腹まわりの皮膚にプツプツと赤い虫刺されの跡だらけ。よく車や柵に身体をこすりつけているのは、痒《かゆ》いからなのかも。見ているだけでこっちも痒くなる。

気づけばモモが来て八十日以上経つ。育てながら毎日撮影するのは厳しい。頭の切り替えが出来なかったり気力が切れたりして撮り忘れ多発。つらい。

7月23日　木曜日　86日目　因島

二回目の解体練習。今日はウリ坊。一五キロと二〇キロの小さな命。モモも小さい時はこれくらいだったな、としみじみ思いながら、フジワラ師匠の指導を受ける。基本、ウリ坊は解体せずに焼却か、土に埋めて処分してしまうらしい。それは手間をかけてもそれほど肉が取れない、かつ小さい個体ゆえの解体しづらさもあるため。前回の経験で、構造は少しだけ把握出来た気がするけど、まだまだ難しい。練習用に購入したマイ骨スキ包丁は、切れ味が悪い気がする。単純に使い方が悪いだけかもしれないけど。

普段、魚屋を営むフジワラ師匠は、休日の時間を割いて教えてくれる。感謝しかない。今度お酒を差し入れよう。

最初は怖気《おじけ》づいた解体も、二回目にして、そこまで感情は揺れなかった。これが適応能力なんだろうか。それともウリ坊とは似ても似つかないほど、モモが巨大化し続けているからか。

7月24日　金曜日　87日目

ウリ坊の解体で筋肉痛。特に上半身と肩まわり。変な身体の使い方をしているみたい。今日は元気があれば朝から実家に帰りたかったけど、まったく動けなかった……。身体を引きずってモモの世話をして、しっかり動けるようになったのは夕方で、またモモと海へ散歩に行く。

人も動物も、いつかはいなくなるんだよね。目の前からも、この世からも。

7月25日　土曜日　88日目　江田島

朝、キムラさんとドウちゃんにモモの一日分のご飯を託す。モモのご飯は一度に十合炊いて、ぬかをまぜて朝と夕方の二回に分ける。あとは、小屋にモモを呼び戻すための塩気の強いスナックを少し。

小屋の排泄物を掃除してモモに別れを告げ、実家のある江田島に帰ろうとグラウンドを出たら、「ブッ」と一声。見ると、畑に侵入した子連れの猪がこちらを見ていた。先日捌いたのは、その子どもたちくらいの大きさだった。

万物、生きているものに尊さがあり、死ぬと魂と一緒にその尊さも失ってしまうのかも。だから記憶と記録が重要なのかもしれない。

7月26日　日曜日　89日目　江田島

朝、実家で目が覚めて、モモとの海水浴は楽しかったなあ……と思い出に浸る。百歳になった祖母に、お祝いの花束をあげた。花が大好きな祖母は「まあ……立派な花じゃあ。高かったじゃろう?」と喜び、目を輝かせてくれた。ただ記憶力が衰えているので、少し間を置くと再び同じ言葉と感動を繰り返す。その度に「今はそんなに高くないんよ」と答える。去年までは、広島の被爆者の祖母には当時の話を聞くことができた。でも、今はもうその全てが思い出せないらしい。「戦争の頃を覚えとる?」と聞くと、微笑しながら「そんなこともあったんかねえ」と不思議そうにしていた。

真っ白な髪の毛が伸びていたので散髪もした。いつまでこうして触れられるのかを考えると頻繁に会いに来たい気持ちが膨らんだけど、今はモモがいるしコロナも大変だから我慢するしかない。

モモの世話もなく、やることがない。久しぶりに地元を散歩して、土砂崩れで壊れたままの江田島の米軍基地の塀を眺める。そんな帰省だった。

もうすぐモモとの生活は三ヶ月になる。

7月27日　月曜日　90日目

モモにじゃがいもをくれた友人のアーちゃんが百島にきた。わたしが仕事の間、モモは沢山遊んでもらって幸せそうだった。反面、アーちゃんは疲れ果てていた。後々聞くと、モモと一対一はかなり怖かったらしい。とてもお世話になったけど、モモはわかっているのかな。満足して横たわるモモの顔がデカい。

7月28日　火曜日　91日目

午前中からモモとアーちゃんと海へ行く。泳ぎに飽きるのか、すぐに陸へあがって砂を掘り始める。

＊

暑いと、ご飯が腐りやすい。傷んでいるとモモは絶対に食べないので、臭うと、いくら残っていても取り替える。モモは素直で、我慢の塩梅《あんばい》がわかっている。決して自由ではないけれど、抗議の仕方を知っている。

7月29日　水曜日　92日目

島の人からもらった雄の烏骨鶏《うこっけい》を捌くことになった。自らの手で鶏の止め刺しをするのは初めて。烏骨鶏は暑さで弱っていたので、霧吹きで水をかけて、その時が来るまでクーラーをかけた部屋で休ませる。

仕事が終わり、雨がちらつく中で決行。幼少の頃、おじいちゃんが鶏を飼っていて、早朝に起きて一緒に卵を取りにいったことを思い出す。たしか朝ご飯のお味噌汁に半熟で入っていて、おいしかったな……。今回は烏骨鶏だから、まず見た目が違う。かっこいい。触るのも初めて。フサフサの羽根は柔らかく、思った以上に軽い抱き心地。ほとんど暴れない。死を予感した家畜は、その生を諦め、死を受け入れるように静かになると聞いたことがある。暑さで弱っているだけかもしれないけど、その言葉を彷彿させるほど鶏は落ち着いていた。鶏は三十分程度逆さに吊るし、頭に血を上らせて気絶させてから首を切る……というネットの情報を元に、両足を紐で括って吊り下げた。鎮まり返った鶏の様子を見ながら首を切るために顔を持つと、目をグッと瞑《つぶ》り、「さぁ、ひと思いにやってくれ」という表情に見えた。脳内補正？

しかし。首を切った瞬間、ものすごく暴れた。精神と肉体の関係が切れたのか、意思のない肉の塊が、反射的な動きを繰り返して血を飛び散らす。やはり、これは視覚的に強いストレスがある。ただ、豚と大きく違い、死に際の絶叫がなかった。あの絶叫がないだけで、ここまで人の呵責は薄れるのか。血抜きした身体をお湯につけて羽根をむしると、途端によく見知った食料品の形。烏骨鶏の肌は黒い。肉も卵も中国では妙薬とされているらしい。参鶏湯《サムゲタン》にしたらものすごく濃厚なスープになった。ささみと胸肉は、刺身にしたら美味だった！

この日、わたしは生理が来て、真夜中に寝ぼけながら、自分の身体から大量の血が排出されて死んでいく錯覚を起こした。鶏から血を奪ったから、わたしも血を抜かれてしまうんだと。目が覚めて、生理だから血が出るのは当たり前だよ！　と、ぼやきながら、モモにご飯をあげに行った。

7月30日　木曜日　93日目

モモ、草刈り機の音で錯乱してグラウンドの外へ逃走。小屋へ戻すのにひと苦労。

小さめの猪の肉を低温調理して食べてみた。驚愕の柔らかさ。脂が少ない赤身なので、身体に負担のかからないまったりとした肉質。うっかり料理の写真を撮り忘れたことが失敗。

7月31日　金曜日　94日目

モモに加熱した烏骨鶏の内臓をあげてみる。あまり食べない。どういった選《よ》り分け方なんだろう。以前、鶏の足や猪の肉は食べたのに。

それにしても、今年の天気は変だね。本当によく雨が降る。気候変動で日本の四季は終わって、雨季と乾季になってしまうのかな。

8月1日　土曜日　95日目

急に日差しが強い。きっと今年の夏は暑い。

先日海で泳いだのが気持ちよかったのか、コンクリートを練るプラスチックの容器で水浴びす

るようになった。ホームセンターで買える最大サイズでもギリギリ。

昨日で梅雨は明けたみたい。

8月2日　日曜日　96日目

今日は島の中でも、かなり遠い海辺まで行く！

モモを二人がかりで軽トラの荷台に乗せる。途中で飛び降りないよう、確認しながら海へ到着。足元が不安定でストレスだったのか、荷台はうんちとおしっこだらけになっていた。嫌いな車に乗せて申し訳ない。

いつもは来ない、百島の別荘地の砂浜。今日は日曜なので、島外から海を楽しみに来た人々がいる。三組、計二十人くらい。コロナで外出自粛が要請される中、密にならない島なら……と訪れる人が多いのかな。モモは、そうしてバーベキューを楽しむ人たちに突撃。興奮して、まったく言うことを聞かない。海に入りにきたのに、ずっと人間のご飯を嗅ぎ回っている。人気者になったモモは、優しい人

たちにトマトやお菓子をもらい、子どもたちは誘導にひと役買ってくれ、なんとか海へ。隠して持参したわたしのビールは温《ぬる》くなってしまった。がっくり。
でも、海辺には島の人たちも来ていて、「モモのために宴会じゃ！」といって、お酒やバーベキューセットを持ってきてくれた。少しずつ島の人が集まってきて、モモに足を噛まれては騒いでお酒を飲み、美味しそうに育ってきたねと話す。夕暮れまで遊んで、良い一日だった。

8月3日　月曜日　97日目

暑すぎる。クーラーの効いた室内で涼んでいると、自分も入れろとドアを鼻で叩く。見えないガラスの存在に怒っている。モモにもクーラーという文明の恩恵にあやかって欲しいけど、ひとたび部屋に入れた日には地獄が待っているので、仕方なくわたしも灼熱の太陽の下でモモと水を浴び続けるしかない。

8月4日　火曜日　98日目

暑すぎる。キンキンに冷やした桃がうまい。

あえて書くことが思いつかない。今日もモモは元気だし、特に問題もないし、今わたしがやるべきことも思いつかない。

8月5日　水曜日　99日目

先日の海水浴でハーネス（だったものが壊れて変形した腰巻紐）が使い物にならなくなったので、ニューハーネスを用意。ゴツいけど、なかなかいい感じ。

最近、モモは逃走する。遠くへはいかず、グラウンドを抜け出して外の竹藪でひたすら土を掘りまくっている。あまりにも夢中すぎて、こちらに戻ってくるのか不安になる。野生に戻りたかったりするんだろうか。

8月6日　木曜日　8時15分　100日目

今年はモモと黙禱。朝から肌をジリジリと焼く凄まじい太陽。

毎年リアルタイムで見ている原爆の日の黙禱のテレビ中継をiPhoneで流しながらモモの世話。

蟬の声が煩わしくてことばが何も聞こえない。

8月7日　金曜日　101日目

真夏はアイスの争奪戦。いくらモモが欲しがっても、さすがに身体に悪い気がするので代わりに氷をあげている。冷たくて気持ちいいのか、ボリボリと嚙んですぐに次をもらいにくる。あんまりお腹が冷えると下痢になったりしそうなので、掃除する身としては控えたい。

8月8日　土曜日　102日目

暑さでイライラする。モモが花壇の中に入って、いたるところにうんちとおしっこをする。怒って花壇から追い出そうと木の棒でお尻を強くつついても無視されて、最終手段のお菓子で気を引いて小屋に入れて、排泄物を見つけてはスコップで回収していく。本当に腹が立つ。モモに優しくなれない。

本当は力を入れず首周りを優しく撫でると、モモはピタリと止まって大人しくなる。時にはそこに腰を落ち着けて休み始める。打たれ強いのは生きるためであって、いつでも優しさに包まれたいはずなのに、そうしてあげられない時があるよね。

8月9日　日曜日　11時2分　103日目　因島

長崎の黙禱の時間はウリ坊を解体していた。悼むってなんだろうな。

くたくたになって帰ってモモの小屋を掃除して夜ご飯をあげて、浴びるようにお酒を飲んだ。

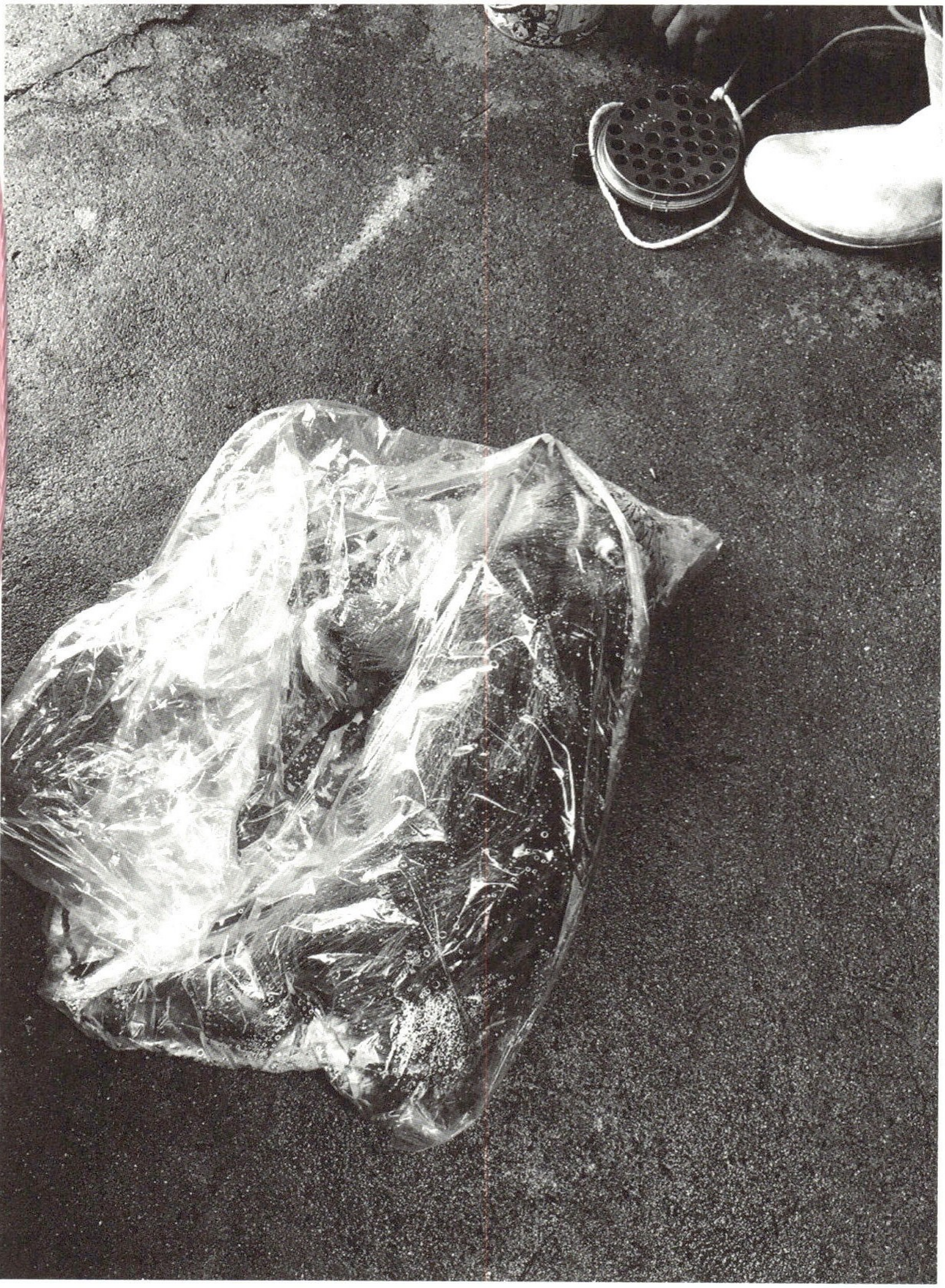

なんだか今日は何もかもがどうでもいい。

8月10日　月曜日　104日目

真っ赤に熟れたトマトをモモに献上。禁断の果実はトマトだった説がある。

8月11日　火曜日　105日目

モモが花壇を荒らしてしまうのは困らせたいからではなく、きっと、かまって欲しいから。でも、わたしたちにとって迷惑な時もある。

8月12日　水曜日　106日目

今日も暑い。日陰の鉄板に水を撒いてあげると冷たくて気持ちいいらしく、アートセンターのショップの前でモモの身体が伸びきっている。夏はいつ終わるんだ。

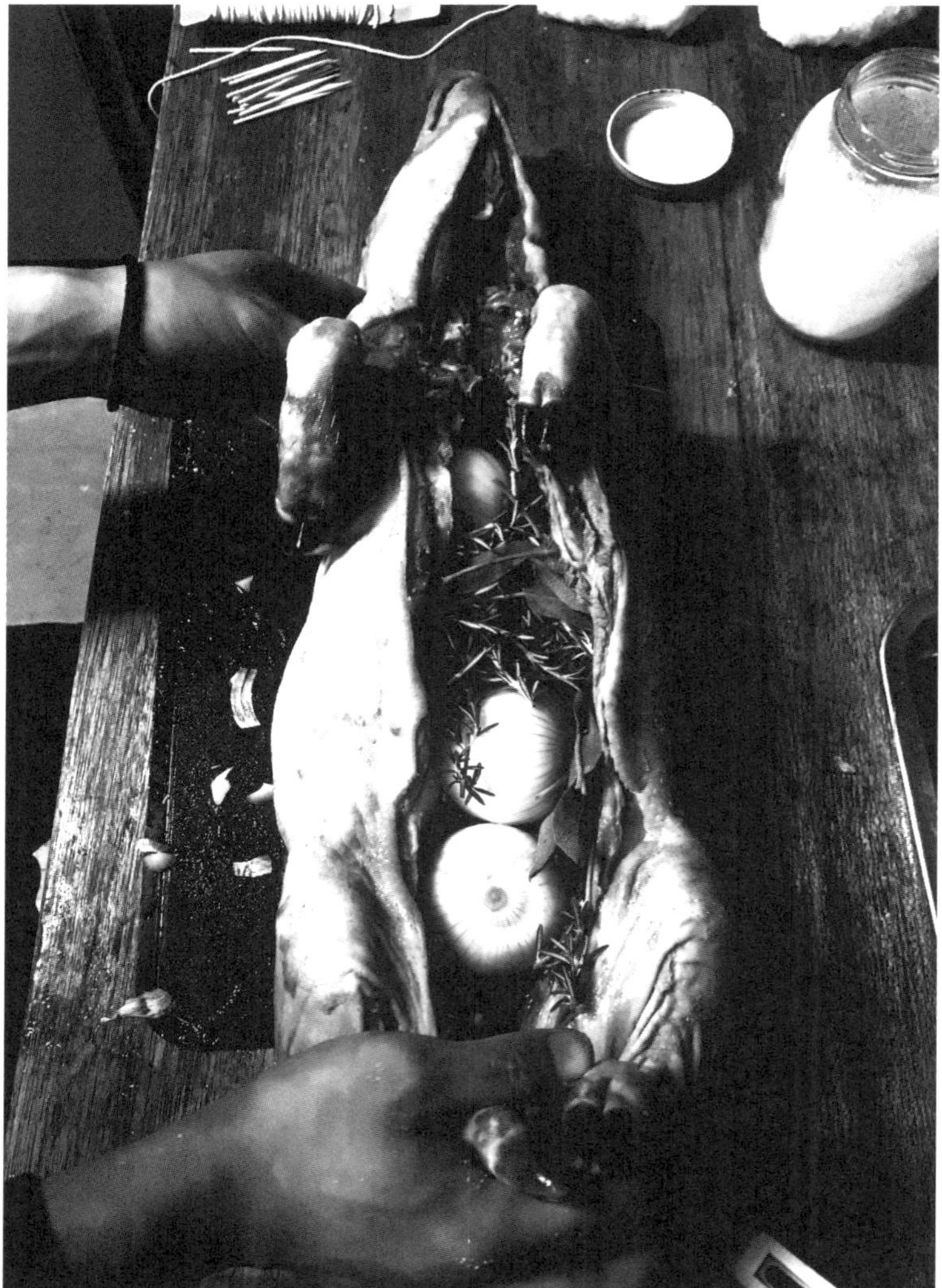

8月13日　木曜日　107日目

冷凍していたウリ坊をバーベキューで丸焼き。空っぽの身体に玉ねぎやハーブ、ニンニクを詰め込む。野菜が内臓みたいだ。

炭火で二時間ほどかけてじっくり焼くと肉の脂で照りのあるウリ坊が誕生。小さいとはいえ、丸一頭の猪が横たわる食卓というのはかなりショッキング。さて、どこから食べるか、解体スキルをここで披露するべく首の骨の隙間に刃を入れようと突き刺すも、まったくうまくいかない。わたしは出来そこないの野蛮人だ。

8月14日　金曜日　108日目

モモが頻繁に花壇を荒らすので、「チクショウ！」と怒ってモモのお尻をペチペチと叩き、わたしは「バカモン！」とまわりの人間に怒られながら表出した植物の根を元に戻しにかかる。小屋に戻すためにはお菓子やご飯で誘うしかないんだけれど、モモはこのお菓子欲しさに花壇を荒らしている気がする。

一日一五キロ食べても不満なのか、モモ！

8月15日　土曜日　109日目

休日なので、気分転換にまた陶芸をしている。肉料理をのせるイメージで極くシンプルな丸い板皿を拵《こしら》えてみた。うまく焼けるかな。これにモモがのる日はくるのかな。

8月16日　日曜日　110日目

モモ脱走。とうとう小屋の柵を破壊した。長梅雨で木材が傷んだことも一因かな。ひとまず修理するも、鉄骨じゃないと無理との意見。もちろん一人では設営できないボリュームなので、まわりに助けてもらうことになる。こういう時、一人じゃ本当に何にもできないんだと実感して、感謝したり凹んだり……無力感で自分に絶望しやすい。

8月17日　月曜日　111日目

再び、モモ脱走。同僚たちの家の庭に侵入。困ったなぁ……。飲み水の入った容器をモモがすぐにひっくり返して泥遊びに使ってしまい、小屋から二〇メートルほど離れた水道まで何度も往復して補給しなければいけないのが地味にストレス。次の買い

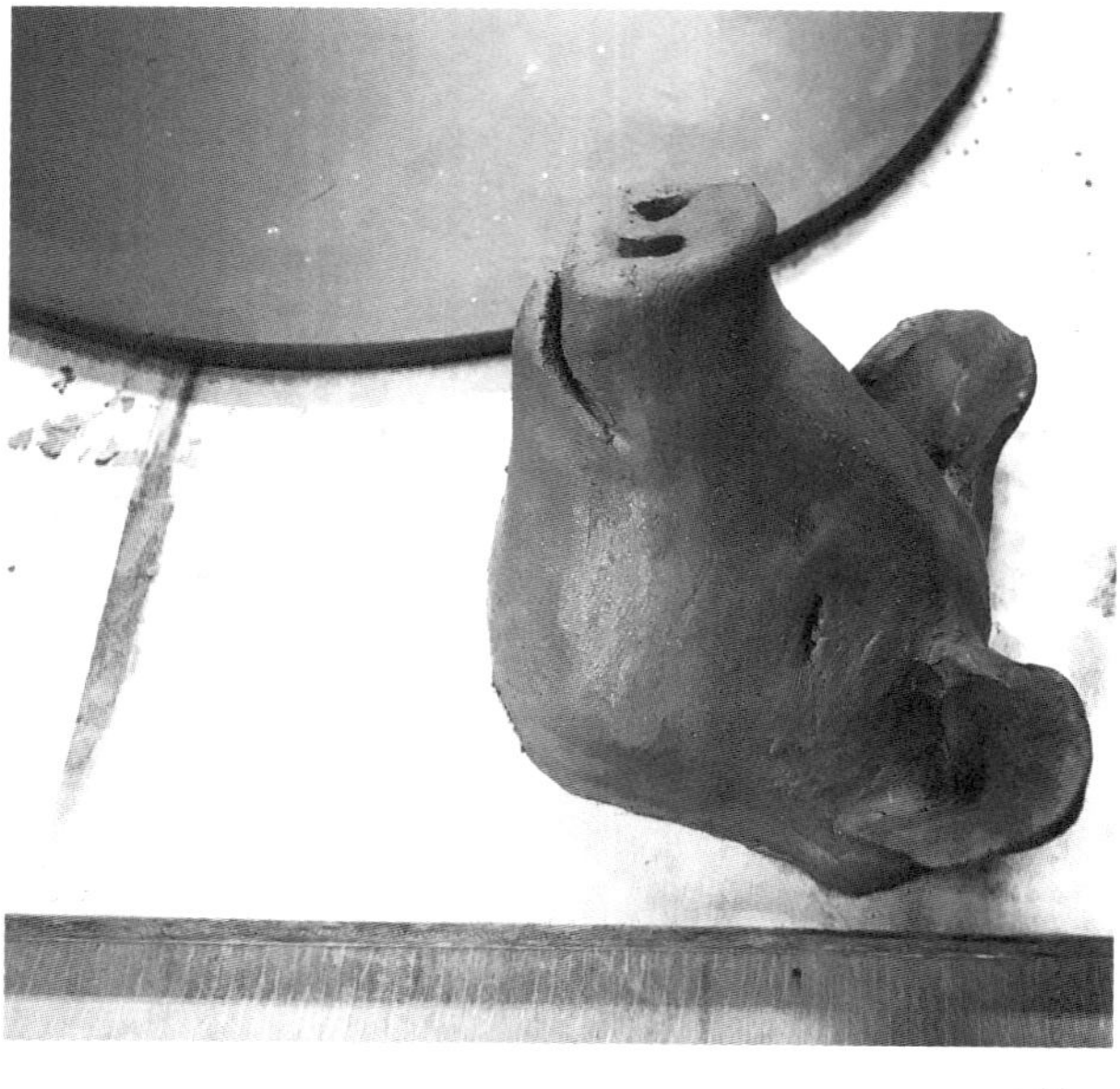

出しで長いホースを買わなければ。

＊

モモ専用のぬか漬けを始めた。野菜嫌いは相変わらずだけど、ぬか漬けで塩味があると食べたりする。夏はミネラルが必要よね。夏バテ対策。

8月18日　火曜日　112日目

再々、モモ脱走。颯爽と近隣の狭い路地を進んでいく。どれだけ声をかけても振り向かない。仕方がないので少し放置。しかし、いつまで経っても戻ってこない。不安になって、大きい声で「モモー!」と叫ぶと、どこからか「ブブーッ!」と聞こえて猛スピードで戻ってきた。モモが脱走して消えると、その動向が気になって何もできない。自由な家畜と拘束される人間。

8月19日　水曜日　113日目

おはようモモ。出迎えてくれたのは小屋の扉についた蝉の抜け殻。

モモの朝ごはんを済ませ、島外の仕事ついでに小屋を補強する

ための単管パイプを買いに行く。週末まではなんとか持ち堪えたい。

8月20日　木曜日　114日目

蝉の死骸を見つけたのでモモにあげた。米より好きらしい。

そういえば、コロナ前は蝉の食べ比べをする会が百島で開かれていた。わたしは食べてないけれど、焼くと香ばしく美味しいと聞く。重要なタンパク源として未来は昆虫食だ！という人もいるし、今のうちから挑戦しといた方がいいのかなあ。でも、バイオミート（人工肉、培養肉）の開発も進んでいるし、そっちの方が興味あるかも。人工肉が完璧に美味しいものになったら、みんな殺した動物の肉を選ばなくなるのかな？　値段次第だね。

8月21日　金曜日　115日目

かなり豚らしくなってきた。なかなか凶暴な瞬間もある。先日の海でのバーベキューでモモに足を噛まれた島の人たちによる、モモ被害者の会が立ち上がっているらしい。笑いながら「痛かったぞ！」と言われて済んでいるのは今だけかも。

偶然、仕事で元々動物のしつけを専門としていた人に会った。しつけの基本は、絶対に暴力を振るわないことだと教えられた。余計ストレスになって、攻撃的な性格になるらしい。そして、何か悪いことをした場合は無視がいい、と。人間も、無視が一番精神的にキツいもんね。学びがあるなー。でも、モモが花壇を荒らすのを無視しても、どんどん掘り返されるだけな気がするんだけどなー。いや、しかし頑張ってみよう。

8月22日　土曜日　116日目

島の人から葡萄と胡瓜と茄子をもらう。すべて百島産。熟れすぎた果実や大きくなりすぎた野菜たちは、人間の口に入ることなくモモが美味しくいただくんですよ。ありがたい。

8月23日　日曜日　117日目

今日のモモの昼ご飯はぬか漬けセット、わたしの夜ご飯は自家製イノシシハム。

今日はヤナギさんに手伝ってもらってモモの小屋を単管パイプで補強した。完成したころにはもう何もしたくない気持ちでいっぱいだった。モモを育てていると、小さい人間だなと自分に疲れることがあるよ。

8月24日　月曜日　118日目

日没が早くなってきた。モモは日々大きくなるので、ハーネスがまた新しくなった。昨日取り付けた小屋の補強はかなり効いていそうで、これならもうモモが脱走することはないと思う。どこかで鈴虫の声が聞こえる。

8月25日　火曜日　119日目

暑さが落ち着いた夕方に海まで散歩。台風が発生したからか、風が強くて涼しい。海水も適温で気持ちいいのに、今日のモモは波打ち際で泥遊びするだけで、海には入らなかった。なんでだろう。

8月26日　水曜日　120日目

とにかく暑い。モモの食欲が少し落ちている気がする。残したモモのご飯に猫とカラスが寄ってくる。モモは体感で七、八〇キロくらいかな。普通に養豚場で育っていたら今九〇キロくらい？　痩せた豚はかわいくないから、しっかり食べてほしい。

8月27日　木曜日　121日目

ご飯をあまり食べないでグラウンドにやってきたバキュームカーに興味津々のモモ。「豚便所」と呼ばれる場所をつくり人糞で豚を育てていた地域もあるくらいだし、モモにとっては美味しそうな香りなんだろうか。いつか自分のをとっておいて試してみようかな。でも、きっと食べてくれないとショックだし、食べてくれたとしても当面はモモに近づきたくないかもしれない。

8月28日　金曜日　122日目

モモの食欲回復！　そうだよ！　いい子だね！　もっと食べて！　ぬか漬け効果？　猪を箱罠にかける時には土に塩を撒いたりするらしいし、モモには塩分が必要なのかも。軽い熱中症が続いていた可能性もあるね。

8月29日　土曜日　123日目

ドローンを持っている人が来たのでちょっと空から撮ってもらったよ。モモは遠目で見るとかわいいけど、近づくと大きくて怖いと言われるよ。わたしはモモが大きく見えないし怖いとも感じないから、飼い主というポジションは不思議だと思うよ。ただ、アタックされると骨が折れたんじゃないかと不安になるくらい痛いことがあるよ。

8月30日　日曜日　124日目

モモのご飯に猫が寄ってくる。そんな猫たちを蹴散らすモモ。動物同士、仲良くできんのか。

今日は島外へ出てくず米六〇キロと、ぬか五キロを入手。百二十日間でお米を九〇キロ弱消費している。この六〇キロのお米も九月中には無くなる気がする。お米を炊くのに疲れてきた。

8月31日　月曜日　125日目

八月最後の日。もうすぐ満月。

今日はモモを小屋から一度も出してあげることができなかった。ごめんね。

小屋に夜間用の照明がついたので、これからはモモと夜を楽しむことができそうだ。遠くから小屋を眺めると大きな木の下に小さな家が立っているようで、暗闇に覆い尽くされて寂しかったグラウンドに生まれた燈《ともしび》だ。

9月1日　火曜日　126日目

食べたい時は、なんとしてでも食べる。そんなモモが可愛いような、ちょっとむかつくような。

9月2日　水曜日　127日目

割れカボチャの季節。火を通す前から香ばしい秋の香り。

だけど、モモはそんなにカボチャが好きじゃないよ。蒸して潰して夜ご飯に出したのに見向きもされなかった。

今日は満月で道が明るい。ここのところ毎日、帰り道で猪に出会う。

9月3日　木曜日　128日目

毎日が漁師スタイル。漁業関係の人がよく着ている胴長靴をつけ始めて作業は捗《はかど》るようになったけど、中が蒸れて全身が汗でドロドロになる。ここ十年で一番日焼けした。首回りは小学生みたい。日焼け止めを塗ってもまったく意味がない。

9月4日　金曜日　129日目

モモが大きくなって、水遊び用のプラスチックの容器の限界が近づいてきた。さらにモモが育つ前に、夏よ、早く終わってくれー。

9月5日　土曜日　130日目

モモのくっきりとした白目から覗く黒々とした眼光は鋭く、かっこよくなってきた気がする。強い意志を感じることもある。

猪のような野生動物は、視線で行動を読まれないよう黒く粒らな瞳で白目がない。でも、豚のように家畜化すると白目が生まれてくる。これは進化か退化か？　目は口ほどにものを言うし、コミュニケーションが最大の自己防衛になる時もあるから、弱みは強みというやつなのかも。

9月6日　日曜日　131日目

台風が近づいている。

モモはいつもわたしを見たら飛び起きるのに、今日は風の気配が気になるのか、最初の一分くらい動かなかった。どことなく不安そうだ。ブッ、ブッと小さく鼻から漏れる声も弱々しい。昨日から下痢気味だし、あらゆる面で心配。わたしの部屋へ連れて帰ってあげたい。

9月7日　月曜日　132日目

曇天で薄暗い空。台風の被害はなかったけれど、強い吹き返し。

もう平気なのか、強風お構いなしにモモは地面を探索する。わたしが心配して声をかけても振り向かず、何も聞こえてないみたい。

9月8日　火曜日　133日目

夜、遅めのご飯になってしまい慌てて小屋へ行くと、モモは爆睡していた。身体がむっちりしてきたね。ご飯を置いたら匂いに呼ばれたのかすぐに起き上がった。

9月9日　水曜日　134日目

モモの食べ残しを狙うカラスが空を飛び回る。猫も狸も猪も寄ってくる。奪い合わないならいいけど、棲み着かれても困るな。どうしたものか。

猪といえば、焼肉をしたことがなかったと思い、夕食に。脂が少ないから、焼いてもほとんど煙が出なかった。猪の脂は人間が吸収しづらいらしく、太りにくいらしい。

9月10日　木曜日　135日目

モモと散歩。歩くというより、走る。運動、運動、運動！

9月11日　金曜日　136日目

早朝にモモと海へ散歩。朝の散歩は良いね。わたしが毎日、もっと早く起きられるようになればいいんだけどね。

砂浜で小一時間ほど過ごし、さて戻ろうかと気分が良かった海からの帰り道、突然雨が降り始めて、髪も服もびしょ濡れ。モモは探索モードに入ってしまい、いくら声をかけてリードを引っ張っても、まったく言うことをきかない。三十分ほど雨に打たれると身体が冷えて震えてくるし、仕事にも行かなければならないし、「もう知らないよ！」と痺れを切らしてその場から立ち去ると、焦ったようにブーブー言いながら追いかけてくる。可愛さ余って憎さ百倍。

9月12日　土曜日　137日目

モモとの散歩は忙しい。人の畑へ入らないようにご飯でおびき寄せたり、車へ向かって飛び出さないようにご飯で動きを止めたり。

今日はいつも百島に来てくれる漁師さんにエイを四匹もらった。内臓を出してぶつ切り、火を通したらモモの最高のご飯。ヨダレを垂らして飛びついてくる。今日は海にも入って気持ち良さそう。幸せそうなモモを見ていると癒される。

モモの体重は推定八、九〇キロ。突進による青アザが太ももから消えない日々。

9月13日　日曜日　138日目
この頭突きが本当に痛い。殺意湧く。

9月14日　月曜日　139日目
モモを見上げると凛々しい。やっぱり美豚。
島の人からもらった栗を蒸してモモの夜ご飯に。
食べない。なんで！

9月15日　火曜日　140日目　津奈木、水俣
今日からまた出張。しかも三泊四日と長い。

離れる時に気づくモモへの庇護欲。モモ、わたしのこと忘れないでね。

9月16日　水曜日　141日目　津奈木、水俣

キムラさんとドウちゃんに、モモの様子を教えてもらう。

寂しくなって、海で遊んだ時の写真を見返していた。

9月17日　木曜日　142日目　津奈木、水俣

モモと離れているので、小さい頃の写真を見て過去回想していた。頭身の比率はそのままで巨大になっていると気づく。約五ヶ月で十倍近くになるなんて、本当に不思議だ。

9月18日　金曜日　143日目　津奈木、水俣

モモにはまだ会えない。仕方ないので、九州の肉を食べた。牛。

9月19日　土曜日　144日目

モモ！　会いたかったよ！　なんだかプーさんのピグレットみたいな顔をしてるね！　久々に会うとモモのすべてが可愛く見える。季節はいつのまにか秋。

モモと過ごすのはこんなに楽しかったっけ。遠くから名前を呼ぶと一瞬反応して動きを止める。

名前があるの、わかってるかな？

9月20日　日曜日　145日目

ああ……平和。日常の音に心が落ち着く。モモが泥の中で身震いして水が跳ねる音、泥に身体を擦り付けて身を冷やす音、口に入った泥をぺちゃぺちゃと咀嚼する音。

9月21日　月曜日　146日目

モモの毛がよく抜けるのでブラッシング。換毛期かな？　散歩に行くと寄り道ばかりで一向に進まない。わたしのいない四日間はグラウンドの外へ出せなかったから、いつも以上に楽しいのかも。

9月22日　火曜日　147日目

柘榴《ざくろ》が割れているのを発見したので、収穫してモモにあげたよ。あんまり食べなかったよ。久しぶりに脱

走して、ジャングルのような山の中に入って、全然戻ってこなかったよ。抜け道はないはずなんだよ。

9月23日　水曜日　148日目

つかの間の水遊び。おデブタの水の消費量よ……早く新しい容れ物を探さなきゃ。

9月24日　木曜日　149日目

あまーいクッキーは大好き。好物に夢中で目を閉じながら口を開く。かわいい。

先日モモが食べなかった栗で渋皮煮をつくってみた。あんまりうまくいかなくて固さが残ったけど、モモはちゃんと食べてくれた。

9月25日　金曜日　150日目

モモは放置すると逃げる。

きっと気持ちも離れていくのだと思う。人間と一緒。

9月26日　土曜日　151日目

モモが太りすぎて、一週間前に着けていたハーネスが使えない。市販サイズも限界だし、自分で作るしかないなー。

そしてモモは新たな脱走ルートを見つけたようで、グラウンドからよく抜け出す。早く抜け穴を見つけないと、猪と出会って何か起きてしまうかもしれない。

9月27日　日曜日　152日目　因島

四度目の解体練習のため因島へ。くくり罠にかかった雌の猪、四五キロ。わたしと同じ体重か……。今回は猪の身体の構造を意識しながら解体が出来た気がする。少しは自分が成長していると思うと嬉しい。まだまだ、だけど……。毎度六時間はかかる解体に付き合ってくれるフジワラ師匠には感謝しかない。解体した次の朝はいつも筋肉痛で、無駄な力が

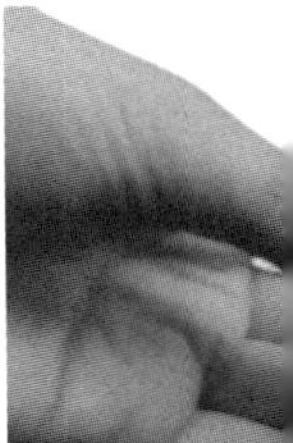

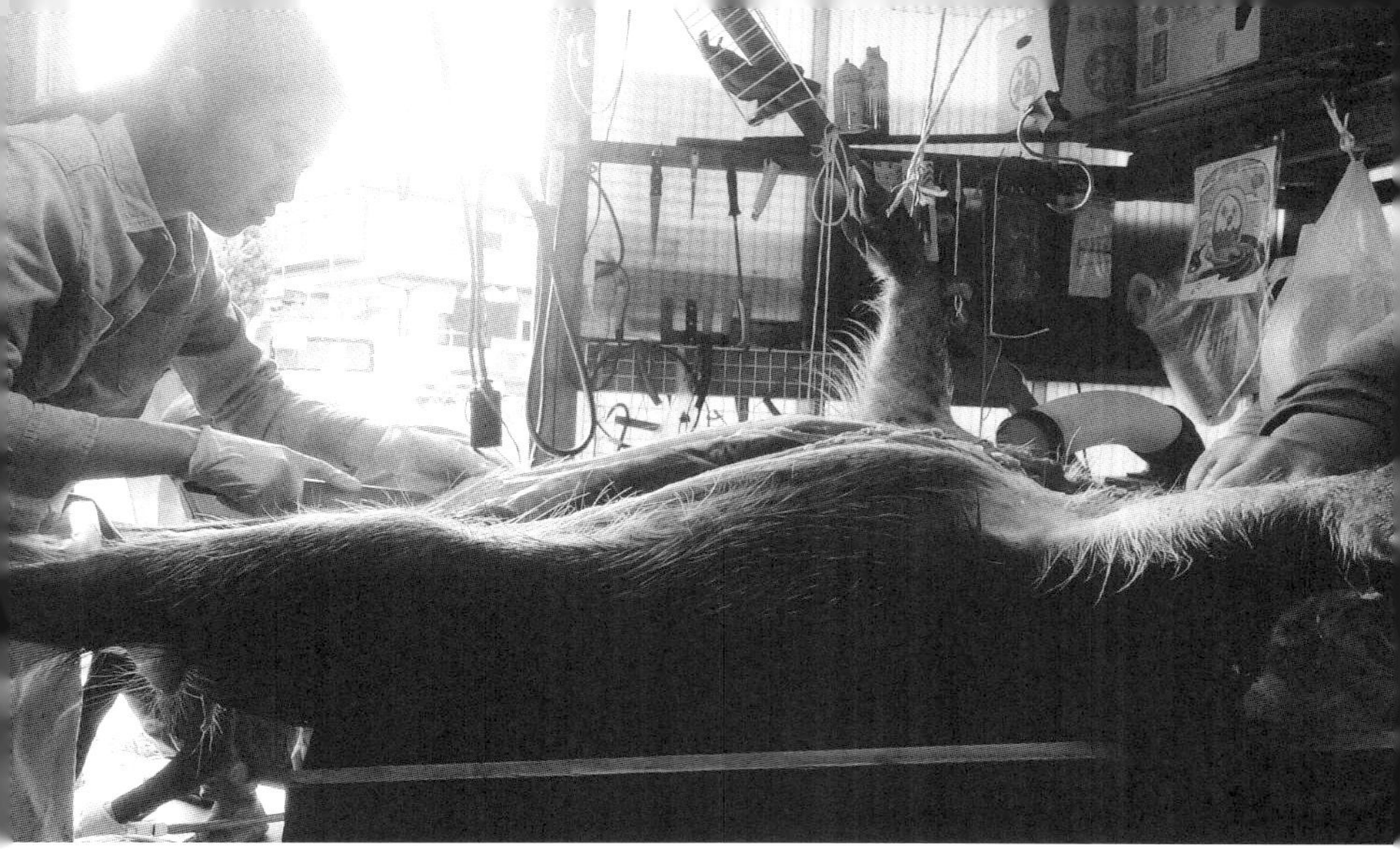

入っている証拠だなあ、と寝覚めに思い知る。
そして、なぜか解体の日を狙うように生理がくる。
全体的に血生臭い。

9月28日　月曜日　153日目

モモが毛布で小屋の中にバリケードのような形を作っている。入るなってことですかね。テリトリーの意識があるのか。

9月29日　火曜日　154日目

モモ、カキ、スキ！　みかんは食べないけど柿はよく食べる。
身体の大きさに比例し自由度も増してきた。脱走すると帰ってこない。いつもどこに行ってるんだろう、人に迷惑かけないならいいんだけどさ……

9月30日　水曜日　155日目

雨だったり仕事が忙しかったりで、写真が撮れなかった。モモともほとんど遊べなかった。モモとの時間を失っていくのは嫌なのに、集中できない。

10月1日　木曜日　156日目

いつも挨拶するときは、わたしの手に鼻タッチ。ご飯が食べたいときも、わたしの手に鼻タッチ。ことばで通じ合えない分、そうした些細な行動に勝手に愛情を感じちゃうよ。

10月2日　金曜日　157日目

豚（猪）が掘る姿をみて、人は耕すという行為を知った説があるよ。モモと一緒に農業とかできたらいいんだけどなー。

10月3日　土曜日　158日目

精神的にマンネリ化してきた。モモがいることが当然になって、撮影し損ねていく。特に記録したい出来事や言葉が思い浮かばない。よく考えれば、モモといられるのもそう長くはない。でも、その自覚は日常の忙《せわ》しなさに流されて薄れていく。こうやって大切なことを見逃していくのかもしれない。モモと時間泥棒の戦いは続く。

10月4日　日曜日　159日目

モモはわたしを、ご飯を持ってくる奴隷だと思っているかもしれない。時折、横目で飛ばして

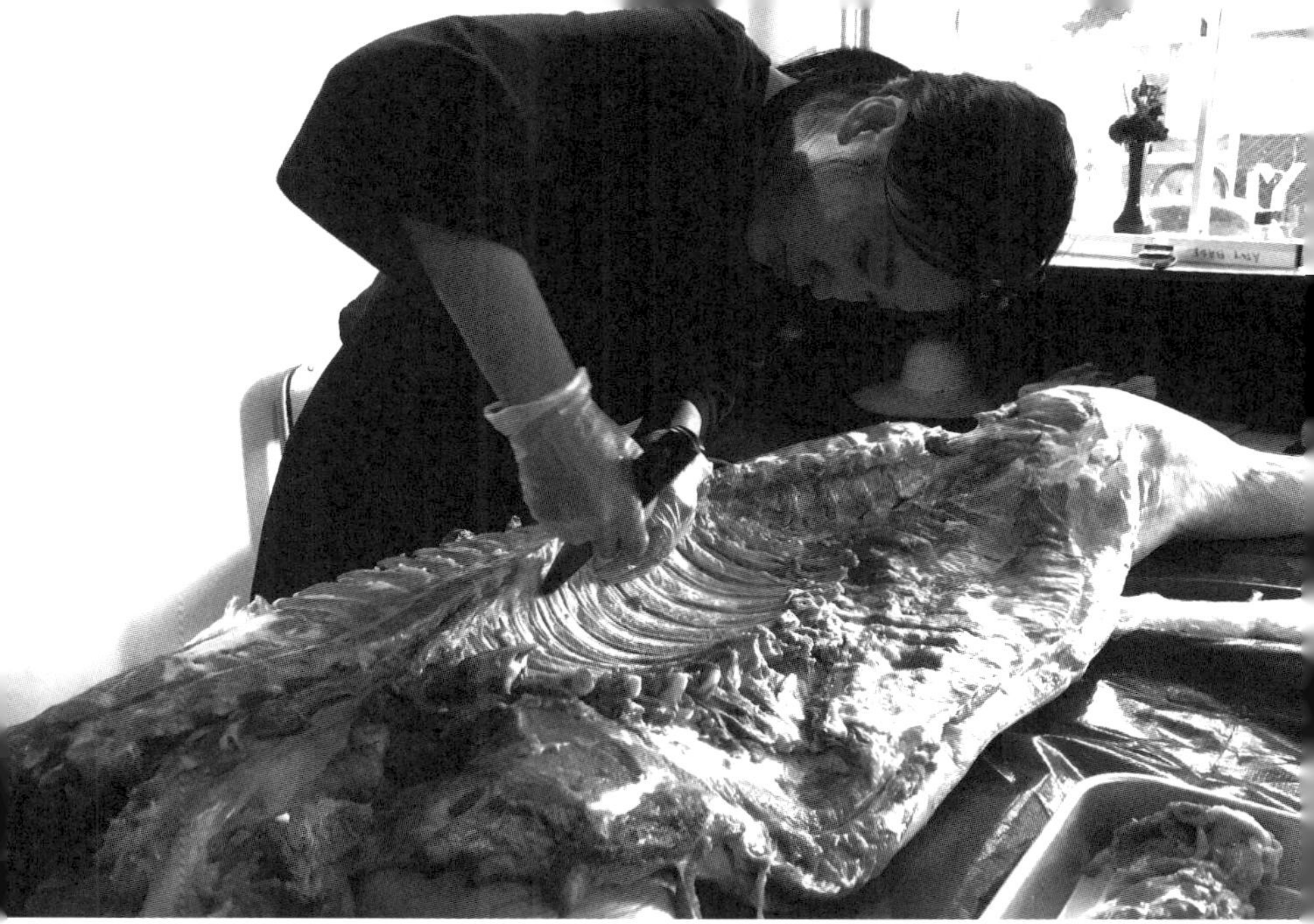

くる視線の冷たさに絶対的な距離を感じる。そんな目で見ないでよ。

10月5日　月曜日　160日目

モモのハーネスをカスタマイズした。太くなった首や胴回りに合うようにベルトを延長。まるでクリスチャン・ルブタンの靴裏のような真っ赤……ではないけど、ちょっと色気を出したくてお腹側だけ差し色に赤を入れてみた。

10月6日　火曜日　161日目

休みをもらい島を出て、瀬戸牧場の豚の枝肉を半頭分ほど購入し、解体の練習。

本日のレートで一キロ八百円、四二・三キロ。うーん、高いのか安いのかは自分の力量次第って感じかな。内臓なし、毛は毟《むし》られ済み。腎臓が一つ付いていたのは、そういうもんなんだろうか？

＊

まず結論、買ってよかった！　というのも、これまで練習してきた猪とは全く別物。サイズもそうだけど、脂肪や肉のつき方、骨の成長具合も見事に違う。猪だけで練習していたら、いきなりモモを捌くのは厳しいはず。猪に内臓脂肪は全くついていないので、豚のあばら付近の白い塊を見て絶句した。ムギュムギュした白いゴムみたいな脂で、冷えた状態だとバリバリと手で身から剝がせる。この半身は頭部なしで、長さ一三〇センチ、血抜きで吊り下げられて伸びきっている。まだモモが出荷に足りない大きさであることがわかった。

いざ、フジワラ師匠なしで初の一人解体！……なんと、五時間かかった。げっそり。内臓なし、皮剝なしの半身でこれか……先が思いやられる。後ろ足は生ハムにするため塩漬け、そのほかは四角ブロックに精肉。骨は出汁《だし》取り。脂肪は、どうしようかな。というかわたし、何やってるんだ？　ふと、我にかえると笑えてくる。

捌きながら、この豚の皮膚にはシミがほとんどないことが気になった。一生を日陰で過ごしたから？　元々柄のない種だったの？　モモも同種のはずだけど、頭やお尻などに黒い斑点ができている。柄というよりシミ。白い肌に紫外線は刺激が強いのかな。わたしもこの夏の日焼けで顔にシミができてしまい、年齢を感じて衝撃なんだけど、きっとモモにとってはシミなんてどうでもいいことだよね。人間ってめんどくさい。
こんなことをしてたら、今日はモモとあまり遊べなかった。

10月7日　水曜日　162日目

モモの小屋の中を何度掃除してもすぐに荒らされて汚くなる。土を掘り返して、ご飯を散らかして。そして排泄の量が半端じゃない。きのこの菌床を追加し続けているので、臭いは幾分か控えめ。仕事とモモの世話だけで体力を消費しきってしまって他のことが何もできないのがツライ。

10月8日　木曜日　163日目

夕日で雲が黄金色に燃えて、時間は煙になって消えていく。
モモは一日の大半を一頭で過ごす。多頭飼いしてあげた方が寂しくなかったかなと思ったりするけど、モモには寂しいという感情自体、あるのだろうか。もしかすると、虫や土、植物がモモの心を満たしているかもしれない。そして人間とは、互いに食糧のための契約関係だったりするのかも。

10月9日　金曜日　164日目

水俣で種をもらい育てていた蓼藍《タデアイ》をモモに食べられた。

暴力を振るわない方針なので食べるのを止めることができず、絶望しながら動画だけ撮った。むかつく。

10月10日　土曜日　165日目

モモの脱走ルートが判明。

グラウンドの一角にある急坂で、傾斜は七十度以上、高さは四メートルはあるこのほぼ崖を、モモは助走をつけて登り降りしていた！　想像を遥かに超えた身体能力だ。すぐにこの脱走を防ぐ手立てがない。どうしよう……。

最近、百島は猪による被害が多くて町内会が警戒を呼びかけている。なるほど、手強いわけだ。

10月11日　日曜日　166日目

今日は休日。ちょっと暑かったね。

モモの脱走ルートに単管パイプで柵を設置したり、モモが掘り起こした地面を埋め戻したりしていたら、あっという間に一日が終わったよ。助けてくれる人がいるのはありがたいね。しかし、感謝はなかなか伝わらないよね。わたしはそうした表現をするのが下手なんだろうね。モモはたっぷり喜びを表現してくれるから、わたしもここまで可愛がってあげられるのかもしれないね。

わたしもモモになりたいよ……

10月12日　月曜日　167日目

端的に、大ショック。自分の無知と愚かさで、最悪な結果になりました。先日解体した豚の足は、腐敗した肉の塊になってしまいました。さようなら、生ハム。みんなには、これも勉強だよと慰めてもらいましたが、やはり悲しい。食べ物を無駄にすることに、以前より神経質になっています。絶対にリベンジするけど、今は反省します。

10月13日　火曜日　168日目

夜はかなり冷えてきた。モモが寒くないか心配で、小屋の中でお腹を撫でる。満腹だと気持ちいいようで、パタリと倒れて寝始める。マダニがまたシーズンになってきたので、地道に爪の先でカリカリとこすり、つぶして除去していく。いつのまにかマダニに馴れてしまった自分が怖い。

10月14日　水曜日　169日目

モモ、柵に手をかけ立ち上がる。一六〇センチのわたしと同じくらいの身長？　でかいなー。

10月15日　木曜日　170日目

モモ、ご飯たりない？　ご飯の容器には米粒ひとつ残っていないし、食べるスピードも上がっている。一日二十五合なんだけど、増やすかな。これ以上増えるの嫌だな……。

10月16日　金曜日　171日目

モモの小屋に投入している菌床からきのこが顔をだす。モモは食べないので、かわりに人間がいただく。大収穫。おいしいよ。

10月17日　土曜日　172日目

今日は雨の休日なので、小屋の中でモモと遊ぼう！
……としたら、物凄く嫌がられた。小屋はモモのテリトリーになっているらしい。わたしが腰を下ろすと、鼻でグリグリと身体を押してきて襲いかかってくる。楽しんでいるのではなく「そこに座るな！」って感じで追い出そうとする。他人からは和気藹々《わきあいあい》に見えるかもしれないけど、わたしはとにかく必死で、なんなら喧嘩と言ってもいい。全身ボコボコでまた痣《あざ》が沢山できた。
いつかモモに殺されるかもしれない。

10月18日　日曜日　173日目

今日もモモにぶっ飛ばされる。生傷が絶えないのでシャワーが苦痛。それでも見放したりできないのが育ての親の哀愁なのか。

10月19日　月曜日　174日目

仕事で大失敗して落ち込んだ。モモの世話で頭が一杯で、ほかに気が回らなくなり生活に支障が出ている。毎日二十五合のご飯を用意するのも疲れる。犬や猫みたいな意思の疎通やコミュニケーションが難しいモモに対して、見返りは求められない日々の奉仕。でも、そんなもんだよね。見返り求めると、ろくな事ない。本当は、わたしに理解してもらえないモモが一番疲れているかもしれない。

10月20日　火曜日　175日目

寒くなってきたので、島の人からいただいた毛布をモモの小屋に投入。口に咥《くわ》えて振り回したり地面に擦り付けたり、あっというまに泥だらけのボロボロだけど、寝る時には顔をうずめて使ってくれていた。よかった。明日はさらに増やしてあげよう。

10月21日　水曜日　176日目

モモ、みかん豚へ第一歩！　すごくお腹が空いているときのみ食べてくれる。いい子やねー。

島の人がくれるみかんが美味しいからだね。

10月22日　木曜日　177日目

今日のモモの表情はなんだか優しい。

でも、島外の仕事で全然かまってあげられなかった。最近は夕方五時過ぎると空が暗い。モモは孤独じゃないだろうか。

10月23日　金曜日　178日目

モモの夜ご飯に鯨の刺身をあげてみる。鼻から泥水を噴出させて、赤い汁のしたたる鯨肉を頬張るモモは怪物じみていた。自分より大きい動物なんて、普通は食べられないよね。

10月24日　土曜日　179日目

頻繁に立って柵から顔を覗かせるようになったモモ。

最近、モモを食べることを考えると、じわりと涙が出るようになってきた。十分に愛着が湧いてきている。なので、「終わりの日」を意識して決定した。まだ、実感はない。

10月25日　日曜日　180日目　瀬戸牧場

本日は、モモの兄弟姉妹が出荷された。
コバヤシ牧場長のご厚意で、トラックに載せられて運ばれていくところを見送らせてもらった。荷台にギュウギュウに詰め込まれた豚たちは、同じ母豚のお腹から産まれたから、なんとなくモモと似ている。でも表情はまったく違う気もする。みんなモモよりひと回りほど大きかった。窮屈な荷台に乗った兄妹たちをまじまじと見る。一頭とも目が合わない。モモとは目が合う感覚があるから、まったく違う動物に接しているような違和感があった。
七ヶ月前にわたしが選ばなければ、モモはこのトラックの中にいて、そしてこの中のどの子かは百島にいたのかもしれない。「ブォーッ」と響く沢山の鳴き声を載せて、トラックは発車した。
今日からモモは人生（豚生？）の第二ステージ。

10月26日　月曜日　181日目

かなり涼しくなってきたのに、まだモモは水浴びする。

脂肪たっぷりだから暑いのかな。仕事に奔走していてあんまり遊んであげられないことが悔やまれる。六月に仕事を週三にすると宣言したけど、結局無理だったなー。悲しいなー。生きていくって大変だー。

10月27日　火曜日　182日目

秋らしい日差し。ポカポカ。眠くなっちゃうね。仕事を抜け出して、モモが遊ぶグラウンドでぼーっとする。なーんにもしたくないね。

10月28日　水曜日　183日目

モモを飼い始めて、自分の粗《アラ》がよくわかるようになった。日常的な行動、思考の癖、感情の移ろい。思い通りにならないものを追いかけていくと、自分を省みる羽目になるんだなあ。

10月29日　木曜日　184日目

仕事場の裏の神社にあるドングリの木の実を拾う。先客の猪に随分と食べられていて、思ったよりも収穫がない。それでもモモ、ドングリたべた！　イベリコイベリコ！

10月30日　金曜日　185日目

別れは寂しいけど、スタートを切るきっかけにもなるはず。

10月31日　土曜日　186日目

小屋にモモじゃないやつがいるな……

11月1日　日曜日　187日目

酒蔵の娘である友人が、酒粕を携えて百島に来てくれた。大感謝。さっそく大吟醸のアルコールをたっぷり含んだ、濃厚な酒粕をモモに食べさせた。島の人にもらったキャベツに酒粕をディップしてあげると、ものすごい食いつき。よだれダラダラ。これは良いお肉になること間違いなし。

11月2日　月曜日　188日目

モモの隙を見てご飯を狙う集団の狸と、それを許しはしないモモ。長い夜になりそうだ。

11月3日　火曜日　189日目

暖かい日。幸せな時間は駆け足で過ぎ去っていくね。

山盛りの柿を島の人からいただいた。やっぱりモモは柿が大好きみたい。そして今日気づいたのは、モモが地面から見つけたミミズの食感だけを楽しんで吐き出していること……。以前は食べていた気がするのに。きっと贅沢病だ。

11月4日　水曜日　190日目

スヤスヤ眠っている時のモモは、本当に可愛い。正直、この寝顔を見ている時は胸がきゅっとして、ずっと一緒にいてあげてもいいかな……と頭をよぎる。

11月5日　木曜日　191日目

同僚のドウちゃんが中国へ帰ることになった。お見送りには好い天気。出発十分前にモモのハーネスが壊れて小屋に戻すのに苦労し、危うく最後の挨拶ができないところだった。

遠くにいても元気で幸せに過ごして欲しい。

11月6日　金曜日　192日目

島の人がモモのために人参をくれた。しかし、モモは人参が嫌いで食べない。実はわたしもそ

んなに好きじゃない。似てしまったのかなー。仕方ないのでキャロットケーキをつくった。子どもに野菜を食べさせるお母さんの気持ち。モモはまんまと騙されて食べた。

人間用には、たっぷりクリームチーズ。わたしもこれなら騙される。

11月7日　土曜日　193日目

モモは突然ピタリと動きを止める。どこか見えない遠くの気配を探っているような、静粛な時間。何を考えているのかは、まったくわからない。いや、普段も、わからない。

11月8日　日曜日　194日目

焼き芋を持って声をかけると、ダッシュしてくるモモ。

モモと意思の疎通ができたかも？　と期待しては、

食欲を解消されているだけな気もする。

焼き芋の残りはスイートポテトに加工してわたしたち人間のおやつ。もちろんモモにも献上。一緒のものが食べられるって、なんか嬉しいんだよね。

11月9日　月曜日　195日目

夜の冷え込みにモモが耐えられるのか不安。一緒に寝てあげたい。

最後の日について、いろいろな声を聞いて、ぐるぐると頭の中で転がしながら考える夜が増えてきた。

11月10日　火曜日　196日目

お酒だいすきモモ。本日はビールを六缶連続で一気飲みしたけど、まったく酔わない。もっと強いお酒がいるのかな、とラム酒を出してみたけど飲まない。

アフリカにあるマルーラというウルシ科の木の実は、落実後に発酵してアルコールが生まれて、それを食べるゾウやキリン、猿などの野生動物は足腰が立たなくなるまで泥酔するらしい。この夢のような木の実が欲しくて探してみると、なんと今年一月から輸入禁止に！　くやしい。仕方ないのでアマルーラ・クリームという実からできたお酒を注文。

11月11日　水曜日　197日目

モモの性器の先端が赤く腫れている。かわいそう……。マダニ？

なんとなく、肉を焼く鉄のフライパンを買った。大切にすれば一生付き合える、ちょっと良いやつ。

11月12日　木曜日　198日目

モモの小屋に島の人から分けてもらった藁を敷いた。ここにあるのは使っていいよと教えてもらった小さな建屋にはものすごい量の藁が詰まっていた。冬場の地面の結露を防ぐため畑に敷いて農作物を守っていたとか。「もう昔ほど畑もやっとらんし処分したいからいいんよ」と。藁、買うとそれなりに高いのに……。

夜、モモはしっかり藁に包まれてスヤスヤと眠っていた。うれしい。

11月13日　金曜日　199日目

また明日から出張で、寂しくなって小屋に居座りモモを撫でまくる。鼻タッチをせがむとタックルされてアザが増えた。

本日は秋らしく秋刀魚ご飯だったよ。

11月14日　土曜日　200日目　津奈木、水俣

出張準備で慌ただしい朝。少しご飯を出すのが遅れ、怒ったモモに追いかけられる。本当に足が速くて、恐怖を感じる。これから四日は会えない。わたしを忘れないでね。

その夜、水俣で仕事先の人とお酒を飲んだ後、何かが自分の中で爆発してコンビニで五千円近くの食品を、食べるわけでもないのに買っていた。普段のケチなわたしは絶対にそんなことしないのに……ストレス？

11月15日　日曜日　201日目　津奈木、水俣

出張中に世話をしてくれているキムラさんから、モモがみかんを食べないとの連絡。なんとか食べさせようと皮を剥き、実を絞ってジュースにするなど工夫してくれたのに、そのみかん汁でモモは水浴びしたらしい。モモはみかん豚になれないか。

11月16日　月曜日　202日目　津奈木、水俣

秋の草木とモモの写真を送ってもらう。元気そうで良かった。早くモモに会いたいな。でも、出張で久しぶりに多くの人と話をして、人間との繋がりも大切だよね、と改めて考えてしまった。モモの世話に必死で、置き去りにしていることも多くある。あえて取捨選択しているつもりはないけれど。

11月17日　火曜日　203日目　津奈木、水俣

出張先の森でどんぐりを拾う。モモへのお土産。

今日は島の人がモモにご飯をあげるお手伝いに来てくれたみたい。柵の中に入るのは危険なので、ご飯をおにぎりにして外からあげたらしい。感謝。

11月18日　水曜日　204日目

ようやく百島に戻ってきた！　天気もポカポカで最高！

グラウンドでゴロゴロ寝転がりながらモモを眺める。しばしのひと休み。と思ったらモモが大突進。寝転がっていたので避けることができず、覆いかぶさってきて鼻先でガンガン突かれて泥々にされた。これは愛情アタックだよね？

11月19日　木曜日　205日目

モモがドングリに夢中で、お米をあまり食べない。困り果てて百島のドングリ探しの旅に出たけれど、なかなか見つからない。

大事なことをすっかり忘れてしまうときがあるし、必要なものが必要なときに手元になかったりする。これは準備不足か経験不足か。さて、どうしようかな。

モモには不安や心配事とかあるのかな？

11月20日　金曜日　206日目

島の人にドングリがある場所を教えてもらったので、仕事終わりに拾いに行った。暗い地面をライトで照らし、黙々とドングリを拾っていたら猪の大きなうんちに遭遇。どうやら先客がいたらしい。

百粒ほど拾ってモモ様に夜食として献上。ビールも差し上げる。モモ様はドングリをつまみにビールを飲んでいる。しかしよく見ると、別の何か大きなものを食べている。気になって口から取り上げるとiPhoneケースだった。自分のポケットを触る。iPhoneがない。焦って小屋の中を探すと、化石のような見た目になったiPhoneをモモの寝床から発見。液晶はバキバキ。電源はつくけれど、画面にはカラフルなバーコード模様が不気味に光る。もはや怒りを通り越して力が脱けた。これまで撮った写真はどうなった？

冷や汗をかきながら自分のパソコンの環境設定を確認。iCloudとiTunesに全部あった。ありがとう、iCloud。ありがとう、iTunes。ありがとう、バックアップをとった過去のわたし。

11月21日　土曜日　207日目

iPhone7は壊れましたが、こんなこともあろうかとiPhone12を買っていたのでした！　きっ

とモモに食べられる運命を予感していたんだね。いや、早く新しいiPhone使えよ！　というモモからのメッセージ？
それにしても、すごいねiPhone12。これだけで映画とか撮れそう。
モモのおしっこもクリアな映像。足をガニ股に開き腰を落とす姿が、たまらなく可愛い。

11月22日　日曜日　208日目

朝の恒例。ご飯を持って近づくわたしを見つけて小屋から顔を出すモモ。

この日々が終わることが想像できない。考えたくないけど考えないといけない。でも、まだ考えられない。

11月23日　月曜日　209日目

生理痛がつらい。月に数日は最悪な気分。今朝は起き上がれないほどで、キムラさんにモモのご飯を頼んだ。豚には生理がないようで、羨ましい。生殖機能が人間より随分と発達している。ようやくお昼から活動開始。お米を大胆に飛び散らすモモの汚いご飯の食べ方を眺めながら、マナーや作法といった人間の文化的な行為について考えていた。人間って、面倒くさい。そこがいいところなんだけど。

11月24日　火曜日　210日目

十一月末とは思えないほど暖かい。

今日はモモを撮影したいと写真家の人が来てくれたので、グラウンドでモモとのんびり遊んだ。モモはひたすら草を食べ続け、暑くなったら水を蛇口から直接ゴクゴクと飲む。平和な時間。

この給水タイムの五分後に悲劇は起きた。モモは、写真家をチラリと視界に入れた。そして、恐ろしい瞬発力で突進した。リードを手首にぐるぐると巻きつけて持っていたわたしの腕が肩から丸ごと持っていかれそうになるも、手首をもう片手で握りしめ、突進を食い止めようと全体重をかけてモモを引っ張る。しかしすでに一〇〇キロを超えてそうなモモ。踏ん張る足は簡単に引き摺られ、身体が一瞬宙に浮いたと思ったら、右顔面を地面に強く叩きつけた。リードを絶対に

離してはならないと辛抱した結果、顔から転《こ》けるという身体能力の低さ。転倒の衝撃でリードから手を離してしまい、焦って起き上がった時には、モモが写真家に馬乗りで食ってかかっている。急いでモモの尻尾を摑んで引き剝がし、ハーネスを鷲摑みにして、お願いだから落ち着いて、いい子だからいい子だから……と撫で続け、なんとかモモの興奮を抑えることに成功。

それにしても、痛い。顔から転けるなんて小学生以来だよ。心の底からショック。

最近、モモはよく見知らぬ人（特に身体の大きい人）をグラウンドで発見すると攻撃する。頭突きしたり、足首を嚙んだりする。これは本当に危険だけど、豚はみんなこうなの？　モモだけ？　グラウンドは自分のテリトリーだと考えていそうなので、習性だろうか。もうわたしの力ではモモを抑えられないから、グラウンドから出てモモと島を歩いたり海に行ったりすることはできないかも。

やる前にやられないようにしなければ。これからが本番かもしれない。

11月25日　水曜日　211日目

昨日のモモとのひと試合で全身が筋肉痛。特に肩周り、腕が上がらないほどひきつっている。顔はしっかり腫れてしまい、右目が開けにくい。仕事は休ませてもらった。

わたしのコンディションに反してモモは今日も元気いっぱい、ブーブーとわたしの後ろをついてまわる。かわいいね、モモ。気を取り直して、休日らしくモモとお昼からワインを飲むことにした。容器に入れたワインをモモは少し味見して、そのままひっくり返してワインで水遊びし始めた。

わたしは帰宅してすぐに豚料理の本を開いた。

11月26日　木曜日　212日目

味のない白米だとモモが拗ねて食べなくなったので、最近は天然塩をスプーン二杯程度入れて炊いている。いい塩加減のおにぎりは美味しいもんね。モモは人間のご飯を知りすぎて、素っ気ない食事には見向きもしなくなった。贅沢だな、と思いつつ、自分が死ぬとしたら、生きている間は美味しいものを食べたいと思うよね。

11月27日　金曜日　213日目

毎度のご飯の要求は切なく唸《うな》るのが特徴。

本日、みかん豚になる兆しあり！　ただ、皮を剥いてあげないと食べないので手がベタベタで撮影できなかった。「このままだと腐るだけじゃから」と言って島の人が大量のみかんをくれて、今日は収穫箱二つ分も。友人に送っても全然なくならないし、なんとしてもモモに食べてもらわなければ。

11月28日　土曜日　214日目

檻の中にいるのは、モモと人間のどっちだろう。

朝、小屋のそばに置いた箱のみかんの半分近くを狸に食べられていた。綺麗に皮だけが残されている。カバーをかけておけば大丈夫だと考えた昨日の自分が憎い。

落ち込みながら残骸を掃除しているとモモにアキレス腱を蹴られて、わたしの右足が死んだのではと身悶えた午後。

許せない。

11月29日　日曜日　215日目

先日の転倒で負傷した首と肩が治った。どうやらムチウチだったみたい。

モモのご飯は人間と同じキッチンで作っている。中国出身の同僚のインホウさんによると、それは中国ではあり得ないことだと。家畜と人間を同じにしてはいけないんだと。そうした線引きが、人間を人間たらしめる？

すべてを受け止めるには、人間は弱すぎる？

11月30日　月曜日　216日目

秋晴れ。今日もモモは弛《ゆる》んだ身体をゆらしてグラウンドを走り回っている。そうしたモモの姿を、連日グラウンドのそばで水道工事をしている業者さんたちが眺め、あたたかく見守ってくれていた。

そして以前にモモはドングリが好きだと話したことを覚えてくれていて、今日、「別の島で見つけたんよ」と立派なドングリを大量に拾ってきてくれた。一粒ずつ、モモのために拾ってくれたと思うと感動した。モモが愛されていることが本当に嬉しい。人間に対してはあまり覚えのない感情。

12月1日　火曜日　217日目

今年もあと一ヶ月。夜の冷え込みが厳しいけれど、虫の減った今が好機だと思い、モモの小屋で夜を過ごしてみた。

背中と足の先にカイロを貼り、上下登山用のダウンを着込み、さらにレインコートにニット帽、マフラー、手袋と長靴。そして小さかった頃のモモが使っていた毛布を持ち込む。小屋の中はモモのテリトリーなので、無事一緒に寝させてもらえるか様子を見ながら毛布を地面に敷く。モモは横目でこちらを見ながらご飯を食べている。ふと、顔を上げてこちらに向かってくるモモ。そして鼻先でわたしの腰を持ち上げて移動させようと襲いかかってくる。やっぱり、わたしが小屋で寝るの、嫌？

ショックを受けつつ、モモの身体を撫でまくる。しかし、モモはなかなか落ち着かない。小屋の中をぐるぐる回っては、わたしの身体を突いてくる。その鼻がポケットの穴に引っかかり、レインコートはビリビリに破けてしまった。もう今日は一緒に眠れないかな……と諦めつつも往生際悪く三十分くらい粘っていると、痺れを切らしたように、モモが寝床から一番遠い場所にうんちとおしっこをした。

ああ……そういえば、モモはわたしの身体をつついて立ち上がらせた後、扉を鼻でつついてこちらを見ていた。排泄のために外へ出たかったんだね。気づいてあげられなくて申し訳ない。モモは、小屋の中で食事と排泄と睡眠の場所をしっかり分けていた。その排泄ゾーンを毎日掃除するだけでモモにとっては十分快適だと思っていた。でも、本当は小屋の中では排泄自体したくないんだ。さまざまな理由で外へ出せない時、小屋の一番隅に溜まっていくうんちからその意思を感じていたはずなのに、くやしい。

排泄が終わったモモは随分と落ち着いて、わたしを攻撃することもなく、鼻と前足で藁をつついて寝床の状態を確認したら横たわり、睡眠の体勢に入った。わたしは急いでモモの身体についたマダニを除去して、自身の寝床作り。毛布を地面に敷いてモモに抱きつく。体温が高いから、くっつくと温かい。冬毛は剛毛だけどふさふさしていて寝心地がいい。しかし外気は五度かそれ以下。モモに触れてない部分は芯まで冷えていく。モゾモゾと体勢を整えていると、小屋の中に大量の狸が侵入。キィキィと奇声をあげながら、モモの食べ残しをペチャペチャと食べ始める。うるさい。冷えと狸の奇声で全く眠れない。モモはこの環境でよく眠れるな……イビキをかいて爆睡している。時折、何かを食べるような口の動き。夢でもご飯を食べているの？　幸せそうな表情。そんなモモを眺めてこちらも幸せな気分になる。

しかし深夜三時半、冷えすぎた全身が痛くなってきたので、モモとの小屋睡眠を中止。真っ暗な夜道、身体を引きずりながら星を見て、わたしは何やってんだろうな……と笑ってしまった。ちょっとでもモモと夜を過ごせてよかったけど、風邪ひきたくないな。

12月2日　水曜日　218日目

モモの寝顔を見る代償は大きかった。

真冬の地面で寝たことで、芯まで冷えた身体は感じたことのない疲労感に襲われた。何もやる気が起きない。でも、毎日三回はモモのご飯があるので、どうしても起き上がらなければならない。朝ご飯をあげて、モモの小屋を掃除して、モモが掘り起こして凹凹になったグラウンドの地面をならして、さらに島の業者から借りた土を押し固めるランマーという機械で叩いて……。肉体から悲鳴が聞こえる。小学生と変わらない体力だと信じていたけれど、実際は年相応だよね。何やってるんだろうね。

12月3日　木曜日　219日目

モモは豚界の中でもかなり美豚なのではと思う。これが親バカというやつなんだろうな。

本日は、その美豚のモモを撮影しようとしてくれた同僚のインホウさんが先日の写真家の二の舞でモモに突進され、鼻先で足元をすくわれてしまい、見事に身体が宙に浮いて吹っ飛ばされた。彼は八〇キロはあるのに……。モモは恐ろしい子。

12月4日　金曜日　220日目

今日も時間が過ぎていく。モモは大きくなったけど、遠目で見ると、小さかったあの頃と変わらない。いや、近くで見ても、わたしにとっては小さいモモのままかもしれない。

12月5日　土曜日　221日目

仕事終わりの真っ暗なグラウンドにモモを出して遊ぶことが増えてきた。暗闇の中、モモの足音や地面をつつく音を頼りに追いかける。たまに「ギャギャー！」と狸同士が喧嘩する凄まじい奇声が聞こえてビクッとしてしまう。モモは夜を怖いと感じたりしないんだろうか。

人も動物も、いつ死ぬかは誰にもわからない。でも、家畜の生死は人が決めているから、家畜にとっての神がいたとしたら人の形をしているかもしれない。運命や宿命を決めるのが、神だとすればの話なんだけど。

時折、モモを食べる前に、何かの意志がわたしを事故や病気で殺したらどうしようかと心配になる。そうしたら、誰がモモを世話するんだろう。周囲に迷惑をかけられないから、すぐ保健所に引き取りに来てもらうことになるんだろうか。今のうちに遺書でも書いておいた方がいいのかな。

12月6日　日曜日　222日目

ものすごい寝不足。昨日の夜モモと長く遊んで身体が冷えたのかも。モモの世話だけして、とにかく寝た。

夕方にモモを外で遊ばせている間も、ベンチに座ってぼーっとしていた。何もやる気がおきない。モモが近づいてきても一緒に遊ぶ気になれない。ようやく重い腰を上げて掃除でもするかと小屋へ行ったら、作業用の胴長靴がモモに噛みちぎられた惨死体になっていた。わたしに恨みでもあるの？

12月7日　月曜日　223日目

モモのごはんを軽トラの荷台にこぼしてしまった！　なので本日は軽トラご飯スタンド開店！　いらっしゃい！　おいしいよ！

＊

夜十一時過ぎ、モモが脱走した。門の施錠が甘かったらしく、モモをグラウンドで遊ばせている間に掃除しようと、わたしが小屋の中にいた十数分間に起きたことだった。それから一時間ほどあたりを探し回った。足元も見えない真っ暗闇の中、モモの気配を感じられず、深夜に大きな声を出すわけにもいかず、「モモォーーー…………」と、小さな声で呼び続けた。最悪猪の子を孕むか、近隣の人間に危害を加えるか……想像するたびに青ざめた。生きた心地がしなかった。キムラさんとニシオくんに助けを求め、散歩でも通ったことのない道の土をほじるモモを発見した時には、十二月と思えない汗をかいていた。これは、さすがに風邪ひく。

12月8日　火曜日　224日目

カラスにごはんを奪われていることに気づいたモモは全力ダッシュ。豚は本気を出すと時速四〇キロくらいで走れるらしい。一〇〇キロ超のモモが時速四〇キロでわたしにぶつかってきたら大怪我だ。いつもわたしには手加減してくれるんだね。

12月9日　水曜日　225日目

島の人が畑の野菜をモモに食べさせに来てくれる。幸せな光景。

モモの目を見て「良子ちゃんと目がそっくりだね」と言われる。わたしたち、似てるのかな？　似てきたのかな？　どっちが、どっちに、どっちもか。

12月10日　木曜日　226日目　江田島

しばし帰省させてもらい、体調が心配な祖母の様子を見に行く。モモの世話は再びキムラさんにお願いした。

四ヶ月半ぶりの祖母は相変わらずだったが、血の気は薄く、自然と歯が根元から取れ、肌は常に粉を噴いてポロポロと落ちていく。やっぱり記憶は三十秒くらいしかもたない。

それでも、祖母はわたしの話を聞きたがる。

「今はどこに住んどるん?」「仕事の調子はどう?」「どんなことしよったかいね?」「いつまでおれるん?」何度も繰り返し聞いて「ほうね。よかったねえ」と笑う。何となく、今しかないと思い、わたしはモモの話をした。

「わたし、今ね、豚を飼っとるんよ。モモっていう名前で、半年たらずでわたしより大きくなった。最後には自分の手で屠畜して食べようと思っとる」

祖母は理解が追いつかないといった表情で「豚?」と聞き返した。

「うん、メスの豚。こんなに大きいよ」

わたしはスマホでモモの写真を見せた。

「まあ……ほうね」

深くうなづきながら祖母は目の前の机にあるティーカップで紅茶を一口飲んで、

「可哀想だから、食べんでもいいんじゃないかねえ」

と、わたしの方を見ずにつぶやいた。

モモが老衰した場合は、どのようなことが起こるのだろうか。

12月11日　金曜日　227日目　江田島

モモはいい子にしてるかな……。帰省前にモモに悪戯して嫌がられた映像を見返す。モモの身体がかなり大きく立派なので、よく背中に乗りたい衝動に駆られる。草や土を掘り返すのに夢中になるモモの背を摩《さす》りながら、何の気なしに乗ってみる。もちろん嫌がられてすぐに逃げられる。そういえば、モモはそろそろ成熟する年頃。でも、発情のシグナルは特に見られないなー。

実家の片付けや祖母の身のまわりの世話をしていたら一日が終わった。江田島には石窯のパン屋が出来ていたり、二年前の豪雨で壊れた米軍基地の柵がようやく修理工事に入っていたりと、少しずつ変化していた。良いことも悪いことも止められないね。

12月12日　土曜日　228日目　江田島

モモの巣作りの映像を見返す。度々、藁の束を加えて配置を変え、前足や鼻でぐじゃぐじゃとほぐすように掻き回す。自意識を感じる。

誰にも渡したくないといった独占欲があるのがペットなのだろうか。そして家畜は、独占欲が削がれている？

モモには、わたしが必要であって欲しいと思う。

12月13日　日曜日　229日目　江田島

寒波が来ている。寒いと熱量を増やすために食欲旺盛になるみたい。おにぎりにしてもらって、

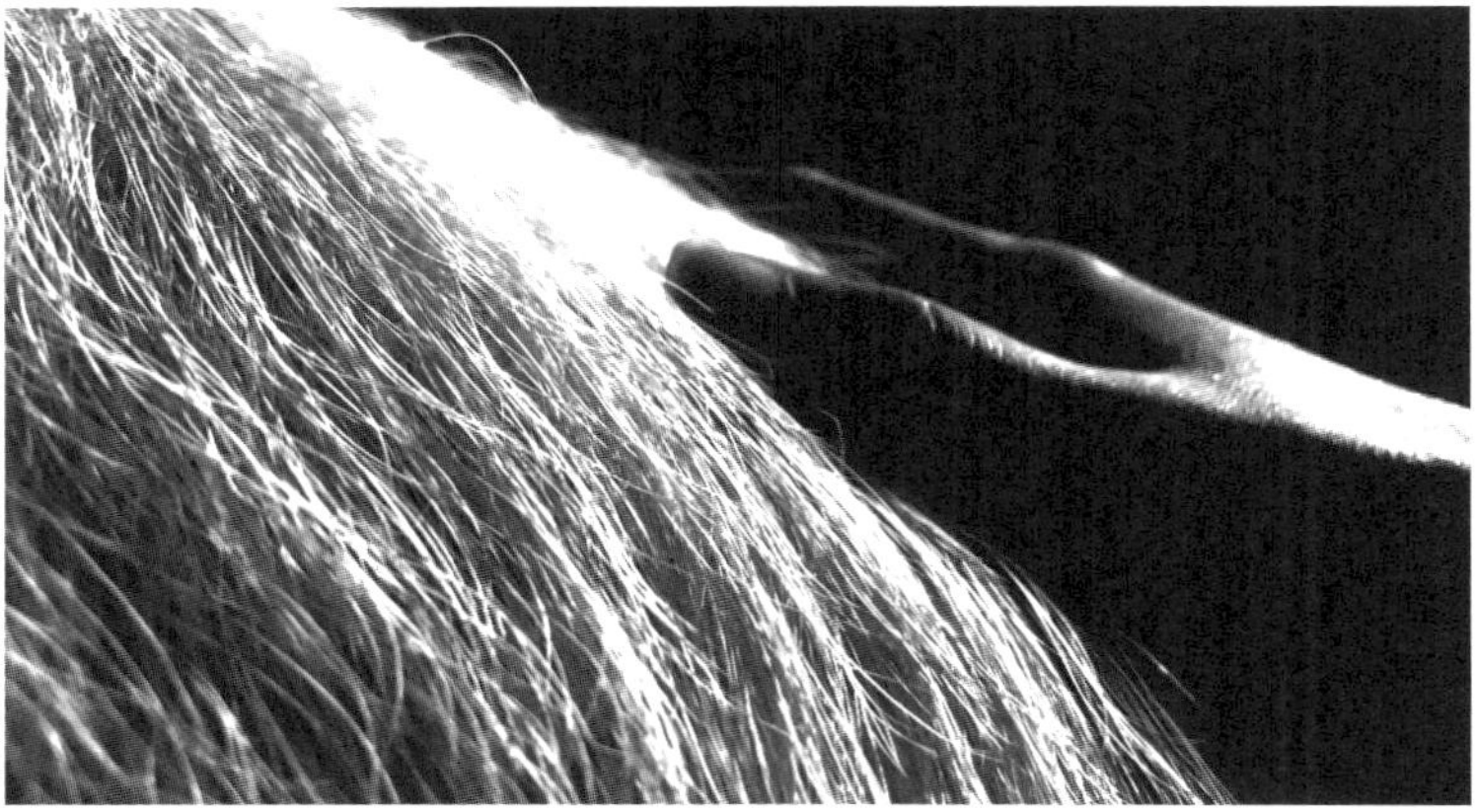

モモがしっかり食べている画像をキムラさんに送ってもらう。だれの手からでもご飯を食べてしまうモモに、やっぱりムカついちゃうな。

12月14日　月曜日　230日目

ようやく帰ってきた百島。

モモは、逞《たくま》しく育っている。わたしがいなくても、きっと生きられる。

12月15日　火曜日　231日目

ぐっと寒くなってきたので、モモの小屋に藁を大量投入。モモはその藁を自分の良い具合に配置していく。巣作りは本能的にできるらしい。

12月16日　水曜日　232日目

気がつけばモモはフサフサの冬毛になった。冬毛というか、増毛？

少し硬めの毛質だけど、さらさらと滑らかな触り心地。暗闇で暖色の光に照らされると全身が真珠色に発光する。モモには首の両側につむじがあって、その巻いた毛流れがかなり可愛い。

12月17日　木曜日　233日目

寒い日が続く。水仕事で冷えた指先が痛い。風は強く、モモも藁に包まれて寒さを凌《しの》いでいる。発熱するためか食欲が急増して、一日四十合近く食べても足りなさそう。島の人に四升（四十合）炊きのガス釜を貸してもらったので、ご飯作りがかなり楽になった。今日は調理で出た野菜くずと古くなった豆のご飯。どちらも食べられるけど、美味しくないからと捨ててしまうもの。野菜くず、魚の頭や鳥の骨周りまですべて食べてくれるから、生ゴミを出すこともほとんどない。モモは贅沢になった人間の尻拭いもしてくれている。

12月18日　金曜日　234日目

今日は少し暖かい。風も少ないので、藁からはみ出して爆睡するモモの写真を撮ろうとしたら気づかれた。ご飯を持ってきたわけじゃないとわかると、またすぐに寝始めた。食い意地か。

12月19日　土曜日　235日目

仙台の友人が送ってくれた上質な牛タンを食べながら、モモの舌を食べる時はどんな気持ちだろうと想像した。そもそも、わたしは食べられるのか。

12月20日　日曜日　236日目

お昼寝中、こちらに気づいて即座に起き上がり、ご飯を嗅ぎつけるモモ。寝起きにピクッとして、すかさずこちらを見るのが可愛い。

12月21日　月曜日　237日目

島の人がモモにみかんを持ってきてくれた。ありがたい。表面に傷や変色があるだけで、人間が食べても最高に美味しい、甘いみかん。早速、モモは夢中。みかんが食べられなかった頃が嘘のよう。ただ、相変わらず剝いてあげないと食べない、わがまま豚。

昨日から生理で体調が最低。布団に潜ってうずくまってSNSを見ていたら時間が消えてなくなった。よく豚のことを調べるから、AIのアルゴリズムで動物関連のニュースが流れてくる。目に止まったのは、二〇一九年にインドネシアで豚まつりが開かれたというニューヨークタイムズの記事。世界一ムスリムが多く、人口の九〇パーセントがイスラム教徒のインドネシアは、政府がイスラム法の下で許される活動や食事に基づいた「ハラールツーリズム」という観光開発をしているらしい。合法《ハラール》に対してもちろん、豚は食べることも触れることもハラーム、忌避すべきもの。そんなインドネシアの先住民のバタック族の多くはキリスト教徒で、日常生活や文化の一部になっている豚の祭りを行なうことで政府の方針に対抗した、と。好かれ、嫌われ、またしても人間の争いに巻き込まれる豚……でも、このくらいが実はちょうど良いのかもしれない。世界中のイスラム教徒が豚を食べ始めたら、この地球は豚まみれになる。どうか美味しいことに気づかないでくれ……

12月22日 火曜日 238日目

お茶碗にご飯をよそって出してみた。意外と器用に食べる。モモにとってはどんな器に入っていようと関係ないのはわかっているんだけど、こんなことをしてでもわたしはモモに近づきたい。

12月23日 水曜日 239日目

今日は、なぜか人からモノをもらう日だった。一人で散歩していたら通りかかった軽トラがキィッと停まり、苺大福を渡される。そのあと連絡をもらって島の人の畑へ招待してもらい、野菜を沢山収穫する。もちろんモモの分もたっぷりと、白菜、水菜、カブ、春菊、ほうれん草。すると隣の畑のおじさんがワサビ菜と葱をくれる。そこから帰宅する時に寄ったお店で、山盛りのみかんと林檎をもらう。何だか不思議な気分だ。楽しいね。さっそくモモに白菜を献上。モモがいると、いつも以上に島の人とコミュニケーションを取れる瞬間がある。

いなくなったら、どうなるんだろう。

12月24日　木曜日　240日目

モモの小屋に聳《そび》え立つヒマラヤ杉は、いつかツリーにしたい。同時に見える月も、なんだかベツレヘムの星に見える。

天文学者のヨハネス・ケプラーは、東方の三賢人がイエスの誕生を知ることになったベツレヘムの星は木星と土星の接近だと推定している。一昨日、四百年ぶりに近づいた木星と土星。期待して空を眺めたけど、分厚い雲に遮られて見ることは叶わなかった。

十二月二十五日にイエスは生まれていないらしい。それにも拘らず生誕日なのは、冬至の時期に異教の祭りが行なわれることから、キリスト教会にとって布教拡大を狙える日として選ばれたんだとか。この日を祝う必要性ってあるの？

人間の罪を身代わりとなって償ってくれているのは、実は豚なんじゃないかな。

12月25日　金曜日　241日目

本日は仕事納め。これまでなかなかかまってあげられなかったけど、しばらくは時間がとれる

かな。できれば、もう一度だけグラウンドを飛び出して、一緒に海へ行きたい。

12月26日　土曜日　242日目

島の人がモモにくれたキツネ毛のマフラー。早速着けたら、モモがあたらしい生き物になった。

12月27日　日曜日　243日目

雨が降る前の空。寒波が近づいている。濡れた地面や強い風はモモの体温を奪うので、いくら脂肪たっぷりとはいえ寒さに耐えられるか心配だ。これを機に小屋を整備しなければ。今の状態では、モモの寝床に風が吹き込むし、ヒマラヤ杉の樹冠だけでは雨を十分にしのげない。応急処置で柵の側面にビニールシートを巻き、吹き抜けの上部には作業用の足場板を橋渡しで並べて簡易の屋根を作った。これでひとまず様子を見る。

あと、やはり気温が下がるとモモは発熱するためか食欲が増すようなので、ご飯を沢山用意しなければ。

12月28日　月曜日　244日目　尾道

朝、モモの世話をして、久しぶりに尾道へ出た。使い切れなかった回数チケットを消費しに映画館へ行って、年末用の買い出しをする。毎日世話に追われて、どうしても抜け出したくなった。その帰りの船では、自分のために時間を使い、モモを孤独にしたことに罪悪感を抱いた。今日のモモは、どんな時間を過ごしたんだろう。早く焚き火をして、一緒に暖をとりたい。

12月29日　火曜日　245日目

モモの食欲がぐっと落ちている。厳密には、お米を食べたがらない。味の濃いスナック菓子は必死で追いかけてくるのに……。スナックを控えるわたしへの抗議なのか、ひたすらご飯を無視してグラウンドを掘り続けるモモ。寒波がくるから栄養つけて欲しいんだけどなー。

12月30日　水曜日　246日目

昨晩はかなり雨が降った。そして朝から風が強く、年末という忙しいタイミングなのに定期船が欠航してしまった。豚は冷たい風にあたると体温が落ちるので良くないらしいけれど、モモは平気そうに歩き回っている。大丈夫だろうか。

午後から本格的な寒波到来。悴《かじか》む手でモモにご飯をあげて、藁を敷き詰める。わたしの住む古民家を吹き荒れる夜風が揺らす中、小屋ではモモが凍えているんじゃないかと始終不安だった。

12月31日　木曜日　247日目

心配でいつもより早起きして小屋へ行く。ものすごく寒い。モモは藁で寒波を無事に乗り越えていた。小屋を整備した甲斐があった。昨日の雨で出来た水たまりは凍結して小さなスケートリンクになっている。元気よくグラウンドの探索を始めたモモは、すぐにその氷の塊を見つけ、感触を確認するように鼻を滑らせ、パリパリと砕いた。

＊

年末は色々と考えてしまう。

二〇二〇年、未曾有《みぞう》のコロナ禍で世間が一変していった時期に百島へやってきたモモは、わたしの生活にある種の充実を与えてくれた。豚を飼育することがどれほど大変か身を以て感じつつ、食べる前提を背負った愛情の育み方を日々考え続けた。こうして終わりを見据えているからこそ、わたしは毎日モモの幸せを望み、自分の自由を削って最大限に尽くしてこれたのかもしれない。人生において、あえて経験する必要のない苦しみだと考える人もいるだろうけど、わたしはこの苦しみを真正面から受け止めなければ、いつか大きな後悔をする予感がした。なぜかわからないけど。

本来なら養豚場から屠畜場まで、一般の目には触れることなく生まれ育ち、肉となっていたはずのモモ。その瞬間的な生の輝きと崇高さに触れ、献身した末に、苦しみを与えることなくお肉にしたい。それでもこれは、いかにも可哀想で、悲しいことだろうか。モモへの感謝と幸福に包まれたいと望むのは罪深いことだろうか。

もちろん、モモ自身がどう感じるかは、わたしにはわからない。その想像は、答えのないものに答えを取り付けるようなものだと自分に言い聞かせている。でも、この文章を書きながら涙が出てしまうのは、モモはわたしをどう思うだろうか、嫌いになるだろうか、憎むだろうかと、頭の隅で想像してしまうからかもしれない。

多くの人は、愛情ゆえにわたしがモモを食べることができない展開を望んでいるのかもしれない。何が正解かわからないけれど、みんなに見守られていることは救いだなと、常々感じています。今年もお世話になりました。来年もどうぞよろしくお願いします。

2021年

1月1日　金曜日　248日目

あけましておめでとうございます。今年もよろしくお願いいたします。

キムラさんに、新年にモモとわたしの初撮りをしてもらいました。モモは、さらに大きくなりました。

年末年始は百島に残ったスタッフみんなで食事を楽しみながらお酒を飲んでいて、ふと気がつけば真夜中にモモの小屋の中で大号泣していました。モモが少し離れた場所から、泣き叫ぶわたしの様子を窺《うかが》っていたことは覚

えています。

新年早々、モモを食べるという現実がわたしに襲いかかってきて、心臓がバクバクするような重圧を感じています。なぜこのようなことをするのか、命懸けで考えていきたいと思います。

1月2日　土曜日　249日目

昨日、今日と激しく落ち込んだため、モモの写真を撮る気にはなれなかった。

年明けに思いがけず見た映像が、アウシュビッツで同胞をガス室へ誘導する役割と死体処理などを担ったユダヤ人の特別部隊《ゾンダーコマンド》のドキュメンタリーで、突然、これまで頭でしか理解できていなかった苦しみが、モモの死のイメージを通してダイレクトに入ってきてしまった。以前とは比べ物にならないほど、他者の精神的苦痛に共鳴してしまう。

動物の権利を主張する人の中には、屠畜場とナチスの強制収容所を紐づける人がいる。動物を擬人化してしまったら、畜産を大量虐殺に感じることは避けられない。その連想を否定しようとは思わないけれど、正しいとも言えない。

ただ、今のわたしの精神状態でホロコーストの資料を見ることは自滅だった。眩暈と吐き気がして、涙が止まらない。

1月3日　日曜日　250日目

本日も全くやる気がでない。心が死んでいる。それでも、モモの世話はある。うんちがついた性器を洗ってあげるのは日課。この瞬間はおとなしい。手が真っ赤になるほど水が冷たくて痛いけど、汚れているのを見ると、どうしても洗いたくなる。綺麗になった性器はプリッとして可愛い。

精神的な辛さをSNSで吐露していたら、パプアニューギニアの恩人のデカさんが心配してメッセージをくれた。現地の豚の屠畜のプロにベストな方法を訊いてくれるという。同時に、自分でやるのはやめた方が良いんじゃないかとも言われた。それでも、この手でやることを譲れない自分がいる。

気分を変えるために昼からお酒を飲む。モモのお昼ご飯にもビールをたっぷり出したのに、前ほどがっついて飲まない。いつか買った甘いリキュールのアマルーラ・ミルクを出しても無視。なんで？ ご飯を食べる量も減っている。なんで？ 少し暖かくなったから？　なんで？

1月4日　月曜日　251日目

どうやらモモはミネラル不足だった！

わたしに対してもイライラしたように攻撃することが増え、ご飯と水の摂取量は減ってしまい、いくども迫る寒波に向けてどうしようかと悩んでいた。いろいろと調べてみると、土を沢山食べるし、スナック菓子も欲しがるし、ミネラル不足疑惑。ということで、天然塩を多めにご飯に混ぜてみた。すると、ご飯はモリモリ食べるし、水もガブガブ飲む！　怒って攻撃もしない！　よかったー。快調祝いでビールをあげたら、これも沢山飲んで、珍しく酔っ払った素振りのモモは、普段遊ぶことのないボールを口の中に入れたり、鼻先で追いかけたりと夢中になっていた。間違えて飲み込まないか心配したけど、意外と器用にボールを操る。

1月5日　火曜日　252日目

寒い。島の人から追加で藁をもらい、モモの小屋に大量投入。ふかふかの藁ベッドになった。夜は藁に潜り込んで眠っている。脂肪たっぷりのモモでも、この寒さは辛いのかな。

ただ落ち込んでいるのが辛くなってきたので、屠畜に必要そうなものを書き出し始めた。冷蔵庫、冷凍庫、ナイフ、手袋、チューブ、塩、精肉用のトレイ、ブルーシート、耐水合板《コンパネ》、作業台《ソーホース》、腸を洗う長い棒、肉をスライスする機械、ソーセージをつくる機械、真空パックにするやつ……………

1月6日　水曜日　253日目

極寒の中、モモのうんち拾い。大量だけど、乾燥しているので拾いやすい。
本日は仕事始め。年始は落ち込んでほとんど何もできなかったけど、まわりの人たちの顔を見て、少し落ち着いた気がする。数日間、この世にモモとわたししかいないような気分になっていた。それはそれで、違うよね。

1月7日　木曜日　254日目

百島にも雪が降る。雪の中でもモモは元気に遊んでいる。初めての景色にウキウキしているようにも見える。わたしの手が冷えて感覚がなくなってくると、モモの内股で温めさせてもらっている。天然カイロ。柔らかくて、しっとりしていて、極上。

1月8日　金曜日　255日目

モモが猛ダッシュして向かってくる度に恐怖を感じる。まだ今は当たる直前に急ブレーキを踏んで止まってくれるけど、もしわたしに怒っていたら、吹っ飛ばされてしまう。この瞬間的な加速は、身体が大きくなるごとに速くなっている。やはり、こっちが先に殺されそうだ……。

1月9日　土曜日　256日目

島の農家のおじさんが、モモのためにドングリを拾って持ってきてくれた。腰がつらいはずなのにコツコツと、ありがたい。

「モモちゃん、本当に食べるん？　やれるんか？」

「まだ、わからないですね。ただ、最初から、決めてたから」

「そうか。つらいねえ……わしにはよう出来んけど、ねえ……」

「でも、まだわからない。かなり怖い。だから、できないかもしれない」

「そうじゃねえ……大変なことよ。やれんでも、だれも何も言わんよ」

「そうかなあ……でも、ずっとモモと一緒におりたいけど、想像できない。モモが病気や老いで死んでしまうことが幸せかどうかわからない。あと十年一緒にいて、わたしは島の外にほとんど出られずモモと過ごしていかなければいけないとしたら、それも苦しい……でも、自分を優先してモモを苦しめるのも嫌だし……どうしよう」

「自分をそこまで追い込まんでもいい。きっと、こんなに自由でいいもんを食べて幸せじゃから、美味しいんじゃないかね」

「美味しくないと悲しいですよね」

「そりゃそうよ」

モモを可愛がりながら、最期を受け入れようとしてくれる人が多くて、自然と感情や本音が漏れてくるような話が誰とでも生まれる。今、とても有意義な時間を過ごせている。

1月10日　日曜日　257日目

モモとグラウンドで日々の運動。寒すぎて、走れない……。

1月11日　月曜日　258日目

島の人からもらった白菜を高速食いするモモ。

モモの最期のためにリサーチをしている時間は、気持ちが暗くならないように音楽をかけていて、いま一番親和性を感じているのはピアニストの内田光子さんが弾くモーツァルトのAllegro。日々の感情の起伏と重なって、聞くたびにグッとくる。

1月12日　火曜日　259日目

炊き立てのご飯は熱いので、少しずつ冷ましてあげている。

おいしい？　って毎回モモに聞くけど大体無視される。

モモを自分で屠畜するためには広島県へ届出を出さなければならないので、必要な書類を確認するために広島県庁に電話した。電話対応してくれた職員に、豚を二月に屠畜するので自家用屠殺届を出したいと伝える。すると、少し相手の声色が固くなって、担当に確認しますので少々お待ちください……と保留音が流れる。電話口に戻ってきた職員は「まあ、一応届出をされて受理されれば、屠畜はできます。あとは個体の健康診断書を提出してください」と回答。事務的で消極的なトーン。それにしても健康診断書がいるのは知らなかった。急いでモモを診てくれる獣医師を探さなければ！

1月13日　水曜日　260日目

本日も島の人から沢山野菜をもらう。無農薬で安心、人間が食べても美味しい、モモが食べても美味しい。

1月14日　木曜日　261日目

今日のおやつはミニ大根。柵の一番上まで手が載せられるようになっている！　身長伸びたんだ。

午後はモモ用のくず米を取りに島外へ。三〇キロの米袋三袋。輸送会社の営業所の従業員には、頻繁に大量のお米を購入している人だと共有されているようで、いつ行っても誰もがわたしの顔を見て「お米の引き取りですね」と言ってくれる。ちょっと恥ずかしい。体力がないので、自分の食材と米袋を載せた車でフェリーに乗り込んだ。

1月15日　金曜日　262日目

またしてもやられた。

ご飯を食べるモモの顔についた泥を取ってあげようと、頬をゴシゴシ擦っていたら、鼻先を振り上げ、わたしの顔面に頭突きをかましてきた。それが見事に右頬へクリーンヒット。あまりのスピードと衝撃に、声も出なかった。一気にモモへの殺意がみなぎる。iPhoneのカメラで自分の顔を確認すると、頬が赤いばかりか、切れている！　痛すぎて泣きそうだ。後から鏡でよく見ると、あまりに強い打撃のせいか、皮膚が切れたというよりガラスのヒビ割れのように細かな亀裂が入っている。悲しいし痛いし……やっぱりモモとはまったく通じ合えない。

1月16日　土曜日　263日目

風はあるけど暖かい。モモの屠畜の準備は難関だらけ。安楽死について考える毎日。現実は厳しいなあ……。

1月17日　日曜日　264日目

今日は豚専門の獣医師のオオクボ先生にはるばる百島へ来てもらった。先日広島県庁に電話した時に、モモを自分の手で屠畜して食べるための申請に必要だと言われた、健康診断書を出してもらうための診察。もし病気の場合は、最悪、食用不可になる。健康にみえるけど実は……なんてことがあると怖い。悶々とあらゆるパターンを想像して食欲が失せるほど緊張した。

オオクボ獣医師を港へ迎えに行き、たわいもない雑談をかわしたところで、いざ、モモの健康診断。結果としては、モモは元気で健康そうだということ。そして、目算一五〇キロはあるということ！ あとは、少しタンパク質不足の可能性あり、など。また、屠畜の方法とその効果、苦しみの大小や難易度など、専門的な知識をたっぷりと教えていただいた。離島まで足を運んでいただいて感謝。引き続き、作戦を練らなければいけない。モモは今日も呑気《のんき》だけど、最近はよく攻撃してくるので、なんとなく気づいているのかもしれない。

兎にも角にも、モモ、一五〇キロもあるの？ うれしい！

1月18日　月曜日　265日目　津奈木、水俣

早朝の気温は一度。凍えるほど寒いのに、藁にも包まれず眠っているモモ。本日は出張のため、六時半には百島を出発。久しぶりの遠出でコロナには細心の注意を払う。新幹線は思ったより人が少なく安心した。

モモの飼育に没頭していると自分を客観視できなくなってきて、必要な物事の整理がうまくできていなかった。けれど、普段十分に話せていなかった人との会話や、自身と全く違う制作行為、職人技術に触れると、頭がクリアになった。何かに注力することのみが正解ではないと、改めて感じる。

モモと離れて、昨日のオオクボ獣医師との話を思い返していた。現実的な屠畜方法として提案されたのは、なんと、眉間への殴打だった。その視覚的な暴力性から残酷に思われるが、豚にとっては一番楽な方法らしい。年始にパプアニューギニアの恩人のデカさんに相談した時も殴打がいいと言われた。やはりそうなのか……。当然、この方法は一発で成功させる高度な技術が要る。加えて、殴打する人間には精神的なダメージがある。

同時に現実的なのは、高濃度の二酸化炭素による失神。苦しみなく眠るように最期を迎えるが、ブルーシートなどに包んで密閉する必要があり、二酸化炭素で意識が混濁するまでにある程度の時間を要する。その間に豚がおびえて鳴き叫ぶため、立ち会う人間側にも強い精神的ダメージがある。

駄目元で検討していた医療用麻酔は食用とするには適さず、猪猟や駆除でよく使われている発電機による電気止め刺しは、豚や猪にはかなりの苦痛らしい。一発で気絶する電気ショックは三五〇ボルト前後で、一般での入手は不可能に近い。現実的な安楽死への検討事項が絞られてきた。

1月19日　火曜日　266日目　津奈木、水俣

モモと離れて二日目。出張で予定していた作業も無事終わり、ひと安心。

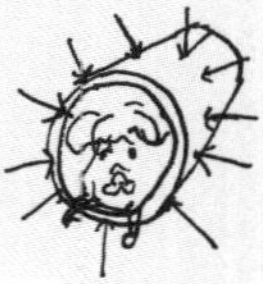

テンプル・グランディンという動物学者の女性がいる。この人物を最初に教えてくれたのは百島に住んでいる子育て中の女性で、我が子に自閉症の疑いを持った時に調べて知ったのだという。

テンプル・グランディンは自身が自閉症で、この自閉症の感性は動物の感覚と似ているという出発点から、非虐待的な家畜施設を設計した。また牛の締め付け機をもとに、自閉症患者の情緒を安定させるという器具「ハグ・マシーン」を作っている。これは、ゆっくりと左右からハグされるように圧迫された動物が精神的に安定することから着想を得たもの。そんな良いものがあるのかと調べたけれど、牛には日常的にこの締め付け機が使用されているのに、豚はどうも情報が見つからない。豚の保定《ほてい》（拘束）器具は口に引っ掛けて鼻を拘束するワイヤータイプが主で、でも、これは苦しそうだし、あまり使いたいと思えない。そこで、豚に効果的かはわからないけれど、モモ専用のハグ・マシーンを作ってみることも考えている。モモの心地よさってなんだろう。

それにしても、「自閉症を持つ人は動物が考えるように考えることができる」と語るテンプル・グランディンが畜産を否定しないことが不思議だった。でも、決して自らよりほかの生を優先することはない……それこそが動物本来の考え方なのかもしれない。

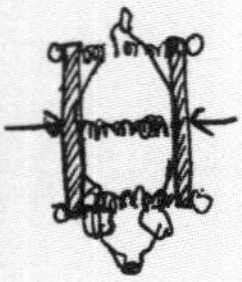

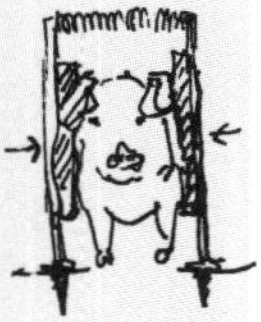

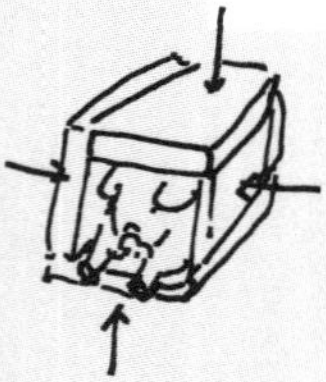

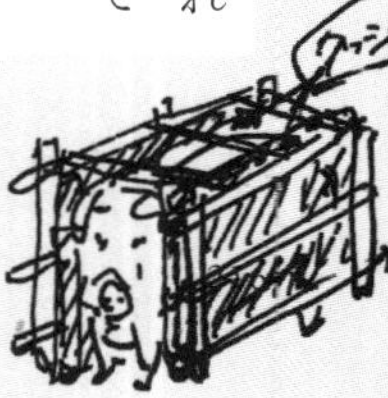

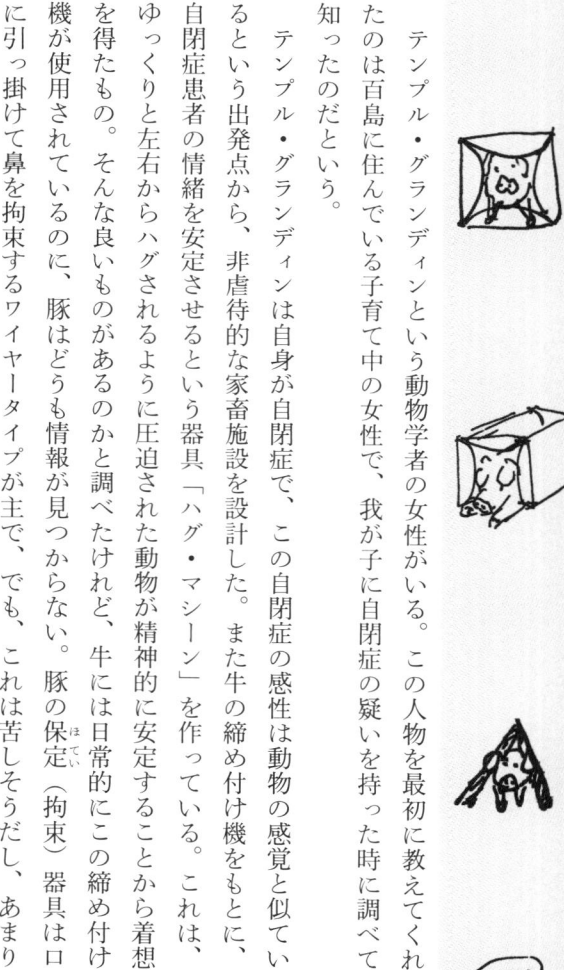

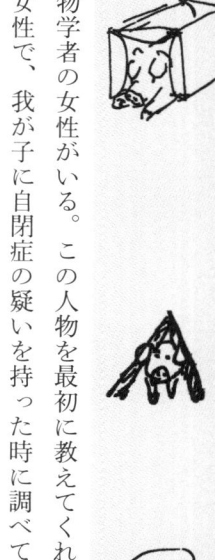

1月20日　水曜日　267日目

やっと百島に戻ってきた。モモに会えて嬉しい。

食事中に顔をブルブル振って米粒を撒き散らすモモ。またお米をあまり食べないな……。

1月21日　木曜日　268日目

今日も島の農家さんにどんぐりと野菜を沢山もらったよ。サツマイモによく似たヤーコンという野菜ももらったけど、調べないと食べ方がわからないなー。

1月22日　金曜日　269日目

小雨の中、焚き火。モモが炭をよく食べるので調べてみると、哺乳類や鳥は、腸内環境を良くするために炭を好んで食べるらしい。消化できない炭が腸内の病気の元になる不純物を吸着して排出する作用があり、また排泄物が臭わなくなる。今更だけど、モモには毎日少しだけ炭を食べさせようかな。最近、モモの排泄ゾーンにはコーヒーのかすを撒いていて、小屋周りも臭わない気がする。めざせ、無臭豚。

1月23日　土曜日　270日目

アイヌ民族のイオマンテについて調べている。アイヌ語で「物を送る」という意味を持つイオマンテは、万物がみな神（カムイ）であり、アイヌに食物や毛皮を与えるために動物の形をして現れるカムイの魂を神の国（カムイモシリ）へ送る儀式のことを指す。従来一般に知られる熊送りは、春先のヒグマ猟で生まれたばかりの子熊を手に入れると、その子熊を一、二年ほど飼育した後、集落をあげてその魂を神の国へ送り帰す盛大な儀式を行ない、殺して食べる。この儀式では、その子熊に沢山のお土産（酒食やイナウという供物など）を持たせて魂を神の国へ送ることで、その再訪を願い、食料の安定供給を求める。ほかの動物を食べなければ生きていけない人間が正直に死を背負うには、こうした儀式を行なう時間を持つことが肝に見える。

今の食肉産業の大量生産は死が多すぎて、真正面から受け止めようとすると人の心は耐えられない。それで割り切って考えることをやめるか、肉を食べない、そして肉食に反対するという選択肢が生まれる。フルータリアン（動物と植物を殺す行為に基づく食品を避け、地面に落ちた果実のみを食べることを理想とする人）なんて、その代表例だと思う。

そんな現代だからこそ、モモの屠畜は儀式的な姿勢でのぞむ必要を感じている。まずは、日常の中で屠畜をイメージするため、グラウンドに単管パイプの三脚を立ててみた。この中心にチェーンブロックをつけて、モモをかなり高く吊り上げるイメージ。大きな鐘を取り付けてみてもいいかもしれない。五メートルはちょっと高すぎるので変更予定。

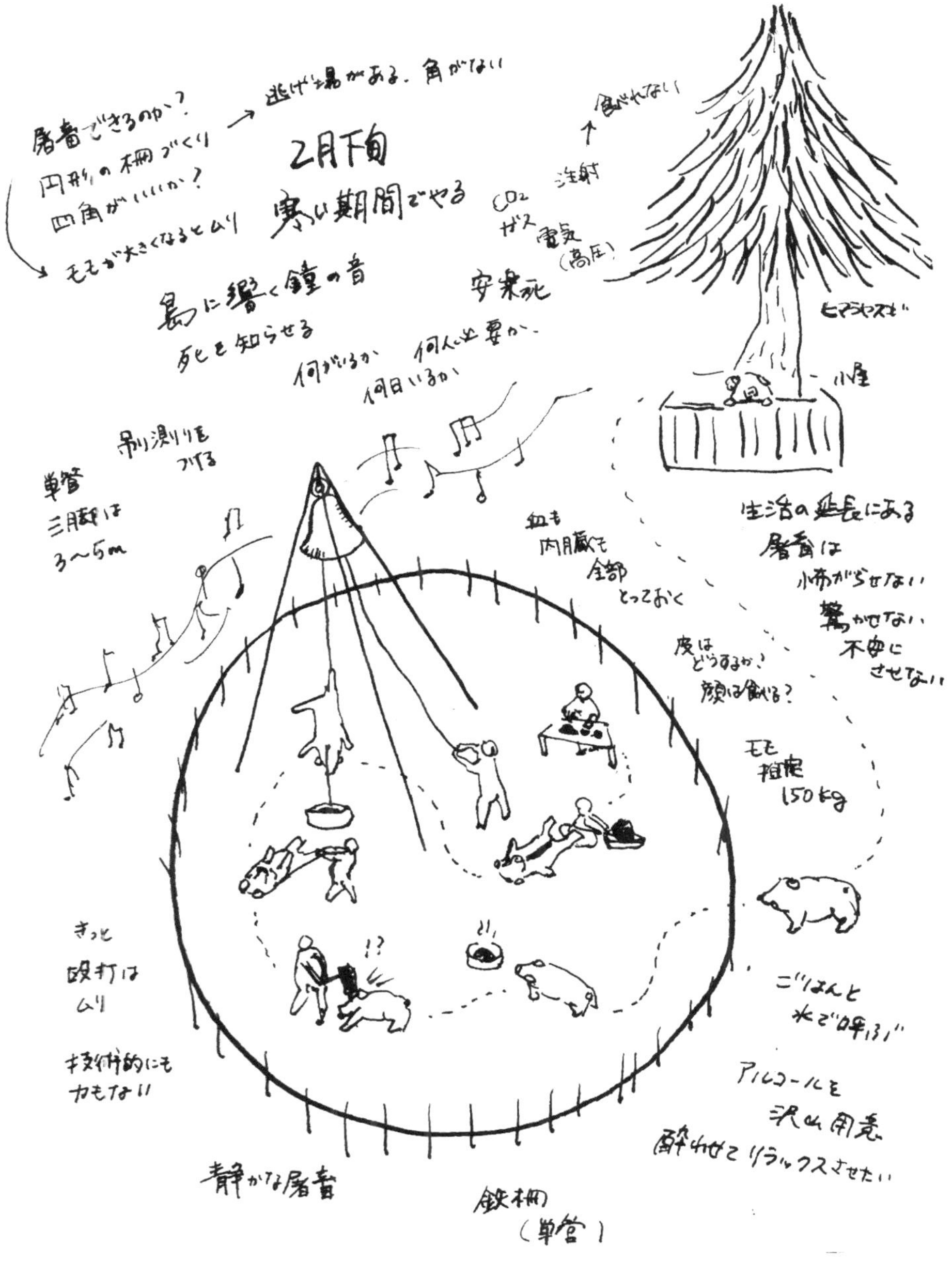
屠畜できるのか？
円形の柵づくり
四角がいいか？
モモが大きくなるとムリ
逃げ場がある。角がない
2月下旬
寒い期間でやる
食べれない
注射
CO2
ガス
電気
（高圧）
ヒマラヤスギ
島に響く鐘の音
死を知らせる
安楽死
何がいるか
何人必要か。
何日いるか
小屋
吊り滑りをつける
単管
三脚は
3～5m
血も
内臓も
全部
とっておく
生活の延長にある
屠畜は
怖がらせない
驚かせない
不安にさせない
皮はどうするか？
顔は食べる？
モモ
推定
150kg
!?
きっと
殴打は
ムリ
技術的にも
力もない!!
ごはんと
水で呼ぶ
アルコールを
沢山用意
酔わせてリラックスさせたい
静かな屠畜
鉄柵
（単管）

1月24日　日曜日　271日目

雨なので、一日中モモは小屋の中。そこまで気温が低くないので暑いのか、藁に包まれずに眠っている。寝ている時のモモならいくらでも愛せる気がする。顔を撫でたり鼻を摘んだりしているだけで心が安らぐ。モモの鼻の上部は固いけど、左右から摘むとプニプニした巨大なグミみたいな触り心地。柵からモモが顔を出すと、ついつい触ってしまう。

SNSのメッセージ機能で匿名の人から「そんなことをしてたら動物を殺した罪で捕まって罪が重たくなりますよ。それでもモモを殺すつもりですか？　はなから動物を飼うなって話ですよ！」と連絡が来た。

1月25日　月曜日　272日目

雨が止んだ。昨年の梅雨の大雨以来、小屋周りにはいつも大きな水溜りができる。モモが掘って穴だらけだから溜まりやすいのかも？

また寒波が来そうなので、小屋に藁を大量投入した。藁は豚のストレス解消にいいらしい。そういえばオオクボ獣医師に、モモの飼い方はデンマーク方式に近いと言われた。調べてみるとたしかに小屋のサイズ感など似ている。小屋は屋外に置かれ、母豚も子豚も放牧が推奨されている。豚肉大国デンマークでは、豚は捨てるところがないと重宝されていて、脂やコラーゲンは化粧品にもなるし、骨もしっかり出汁をとる。血はソーセージにしたり、薬として使用したり。

解体後の加工についても調べて準備を進めていかなければ。

1月26日　火曜日　273日目

また雨が降り始めた。小雨の中、今日もモモは灰をあさってボリボリ食べる。豚は自分に必要な食べ物が直感的にわかるようで、なんでも一定量を食べると、もういらないし興味ないという素振りに変わる。ひたすら追いかけてくるのはスナック菓子くらいかな。

1月27日　水曜日　274日目

寒いのに、雨上がりの水たまりで泥遊びをするモモ。
ラストモモまで残り約一ヶ月。

＊

夜、島の大工のタナカさんと話していて、「今回を終えたら一丁あがるね」と言われた。「どう一丁あがるんですか?」と聞いたら、「エベレストが世界一高い山だと皆が知っているけれど、実際に登ってその頂上の景色を見た人は少ないから、そういった意味で一丁あがるんだ」と。
完全に分業化された食肉の大量生産。豚コレラで何十万頭も殺処分される豚たち。その処分に関わりPTSDになる県職員と自衛隊員。未だ部落差別から切り離すことができない屠畜業。輸入される低価格の食品。一定量を出荷しなければ倒産する工場。大量のフードロスと輸入される飼料。それを与えられて育つ豚たち。

豚にまつわる物語に目が回るけど、わたしは登頂したい。

1月28日　木曜日　275日目

モモの視界は三百十度もある。真後ろ以外は大体見えている。遠くの音にも敏感で、よく耳を澄ませている。島のどこかで走る車、上空を飛ぶ水上飛行機のエンジン音、甲高い子どもの声。モモを眺めていると、自分にもその世界が共有されてくる。

1月29日　金曜日　276日目

モモが鼻の頭を怪我している。小屋の中でどこかにひっかけたのか、皮膚がずるりと剝けて、赤く露出した生傷が痛々しい。モモはまったく気にしていないようだけど……

動物は人間に比べて痛みに強い。家畜は特に強いらしい。それは痛みを感じないのではなく、ストレス耐性のようなものがある、という感じ。動物は痛みより恐怖を感じることの方がストレスのようだ。大きな物音や突然の気配に対して、モモは犬のように吠え、ビクッと身体を硬直させる。それが本能なんだろうね。テンプル・グランディンの本にも記されていた。

痛みと恐怖のどちらかを体験しなければならないとしたら、どちらをとる？　多分、わたしは恐怖をとる……安全な場所にいる限りは。

1月30日　土曜日　277日目

現在、モモはわたしのボスになっている。豚は兄妹で首に噛みつきあって闘い、隅に追い詰められた方が負け、という強者と弱者の決定がある。養豚場の人間は、自身が強者であることを豚にはっきりとわからせるためにも板を使ったり攻撃を避けたりして絶対に押し負けないようにするらしい。いつからか、モモはわたしにお腹を撫でられても強者のプライドが許さないといった反応で、お腹を見せて転がってはくれなくなった。一五〇キロを超えたモモにはまったく敵わなくて、小屋の中で足やお尻に噛みつかれては何度も隅へと押しやられていたから当然だった。

わたしが離れている水遊びの時だけお腹を見せるモモをぼーっと眺めながら、すでに親離れの達成、それどころか結局、モモにとってわたしはご飯をつくり掃除をしてくれるメイド的存在なのかもなんて考え始めると、なかなか地面から立ち上がれなかった。

1月31日　日曜日　278日目

三脚を低く立て直した。これくらいが丁度よさそう。モモも新しくできた構造物に慣れたようで全く気にしない。モモを驚かせないように進めていくことは重要。

今日はどうしても聞きたいことがあって、テンプル・グランディンにメールした。返信あると

いいな……。

＊

テンプル・グランディン教授

はじめまして。

日本でアーティストとして活動している八島良子と申します。

現在、私は日本の離島の百島で、三元豚（ＬＷＤ）の雌豚を一頭飼っています。これはアートプロジェクトで、一頭の豚を受精させるところから始めて飼育し、屠畜から調理までの全工程を自身で行ない記録していく試みです。

豚の名前は「モモ」。彼女は現在生後十ヶ月で一五〇キロに成長しました。

二月末にモモの自家用屠殺を予定しているのですが、食肉としての安楽死について質問があります。

私はあなたの動画を視聴して、本を読みました。その中には八五パーセントから九〇パーセントの二酸化炭素により短時間で失神させた後に屠畜することが、豚にとって一番いいというお話がありました。これは苦痛や恐怖を減らした上で、大量の豚を効率的に処理することを前提としていると私は考えています。高濃度の二酸化炭素の中で豚が興奮して悲鳴を上げたりキックをすることは、失神後の反射で起きるものだと仰っていますが、できれば悲鳴も興奮行動もなく、眠るように死んで欲しいと私は願っています。

例えば、豚が息苦しさを感じない低濃度の二酸化炭素の空間で、時間をかけて徐々に意識が混濁して眠るように死ぬという方法はあるのだろうかと考えました。私は、豚一頭の屠畜に十分な時間をかけることができます。

そうした、低濃度の二酸化炭素で穏やかな死が得られる場合をご存知でしょうか。

また、豚にストレスなく安心してできる保定方法はあるのでしょうか。

一頭の命に感謝して美味しいお肉として食べるためにも、ベストな屠畜方法を考えています。何かアドバイスをいただけると幸いです。

新型コロナの感染は収束せず多くの人が亡くなり、日本では豚熱で大量の豚の命が失われています。大変な時代となり、グランディン教授もご多忙かと思いますが、ご自愛の上、益々のご活躍をお祈り申し上げます。

2月1日　月曜日　279日目

広島県健康福祉局食品生活衛生課の担当者から、電話とともにメールで申請書類が送られてきた。自家用屠殺に関係する条項を抜粋したデータも添付されている。

自家用と殺に係る法令

と畜場法

（獣畜のとさつ又は解体）
第十三条　何人も、と畜場以外の場所において、食用に供する目的で獣畜をとさつしてはならない。ただし、次に掲げる場合は、この限りでない。
一　食肉販売業その他食肉を取り扱う営業で厚生労働省令で定めるものを営む者以外の者が、あらかじめ、厚生労働省令で定めるところにより、都道府県知事に届け出て、主として自己及びその同居者の食用に供する目的で、獣畜（生後一年以上の牛及び馬を除く。）をとさつする場合
二　獣畜が不慮の災害により、負傷し、又は救うことができない状態に陥り、直ちにとさつすることが必要である場合
三　獣畜が難産、産褥《じょく》麻痺又は急性鼓張症その他厚生労働省令で定める疾病にかかり、直ちにとさつすることが必要である場合
四　その他政令で定める場合
2　何人も、と畜場以外の場所において、食用に供する目的で獣畜を解体してはならない。ただし、前項第一号又は第四号の規定によりと畜場以外の場所においてとさつした獣

畜を解体する場合は、この限りでない。

3　都道府県知事は、公衆衛生上必要があると認めるときは、前二項の規定により、と畜場以外の場所において獣畜をとさつし、又は解体する者に対し、とさつ又は解体の場所、肉、内臓等の取扱方法及び汚物の処理方法を指示することができる。

（譲受けの禁止）

第十五条　何人も、第十三条第二項の規定に違反してと畜場以外の場所で解体された獣畜の肉若《も》しくは内臓、又は〔知事による検査を経ない肉等の持ち出しを禁ずる〕前条第三項（同条第四項において準用する場合及び同条第五項の規定の適用がある場合を含む。）の規定に違反して持ち出された獣畜の肉若しくは内臓を、食品として販売（不特定又は多数の者に対する販売以外の授与を含む。）の用に供する目的で譲り受けてはならない。

と畜場法施行規則

（自家用とさつの届出）

第十条　〔と畜場〕法第十三条第一項第一号の規定による届出は、次の事項について行わなければならない。

一　届出者の住所、氏名、生年月日及び職業

二　とさつしようとする年月日時

三　とさつしようとする場所及びその周囲の概要
四　とさつしようとする獣畜の種類、性別、年齢（不明のときは、推定年齢）、特徴及び重量
五　食用に供しようとする者の範囲
六　自己及び同居者以外の者の食用に供しようとするときは、その旨及び量

最後にメール本文でも、くれぐれも内臓は食べないでください、と念押しされた。

行政は、屠畜や屠殺を「と畜」とか「とさつ（または、と殺）」と表記する。差別語や不快語にあたるというのが理由らしい。「屠」は屠《ほふ》る（鳥獣などの体をきりさく、きり殺す）という意味だから残虐なイメージは避けられない。わたしもSNSの記録では「と畜」を使っていたけれど、これはSNSという軽やかな媒体に合わせていたのと、地方の個人経営の屠畜場のウェブサイトでも使用されていたから、それに倣っていた。でも、こういう行政の堅苦しい文書に「屠畜」や「屠殺」が使われていないと、かなり違和感がある。むしろ意味深で、差別的にすら見える。この世には言葉尻を捕らえて過剰反応する人もいるから、その対策だとも思うけど。みんな新しい言葉を探しているのかも。例えば「討畜」、「留畜」、「倒畜」、「摂畜」か「摂殺」？　どれも使えそう。

頭の痛い文言から逃げるように飯食い怪獣モモの世話。気づけば八〇キロのくず米がなくなっ

ていた。前回買ったのは二週間前なのに……。人間が一生かけて食べる米の量を十ヶ月という短期間で超えているのでは？　今度計算してみよう。

＊

後日、計算してみた。モモが消費したくず米は合計で約一トン。これは人間の二十年分の消費量。格安のくず米だったけれど、それでも総額で十万円ほどかかっていた。

2月2日　火曜日　280日目

オオクボ獣医師とメールでやりとりしている。どうやら欧州では子豚の去勢麻酔として、酸素と二酸化炭素三：七から四：六の混合気体で九十〜百二十秒かけて意識消失させる方法をとるらしい。モモは成熟して身体が大きいので時間はかかるかもしれないが、窒息感なくストレスや恐怖の少ない失神が行なえるかもしれないとの回答がきた。

2月3日　水曜日　281日目

かなり綺麗な二〇〇リットルの冷蔵冷凍ストッカーの中古をネットで見つけてしまい、瞬発的に購入。一万五千円は破格だ。

モモは今日も元気に追いかけてくる。そして花壇を掘り返して荒らすし、マーキングのつもりなのか排泄しまくる。これを片付けるだけで時間は過ぎていく。疲れ果てて集中力が切れると見逃してしまう被害が多発して周りに迷惑をかけて、わたしが怒られる。とても困る。体力が欲しい。

オオクボ獣医師からモモの健康診断書が届いたので、食品生活衛生課の担当者に送付した。

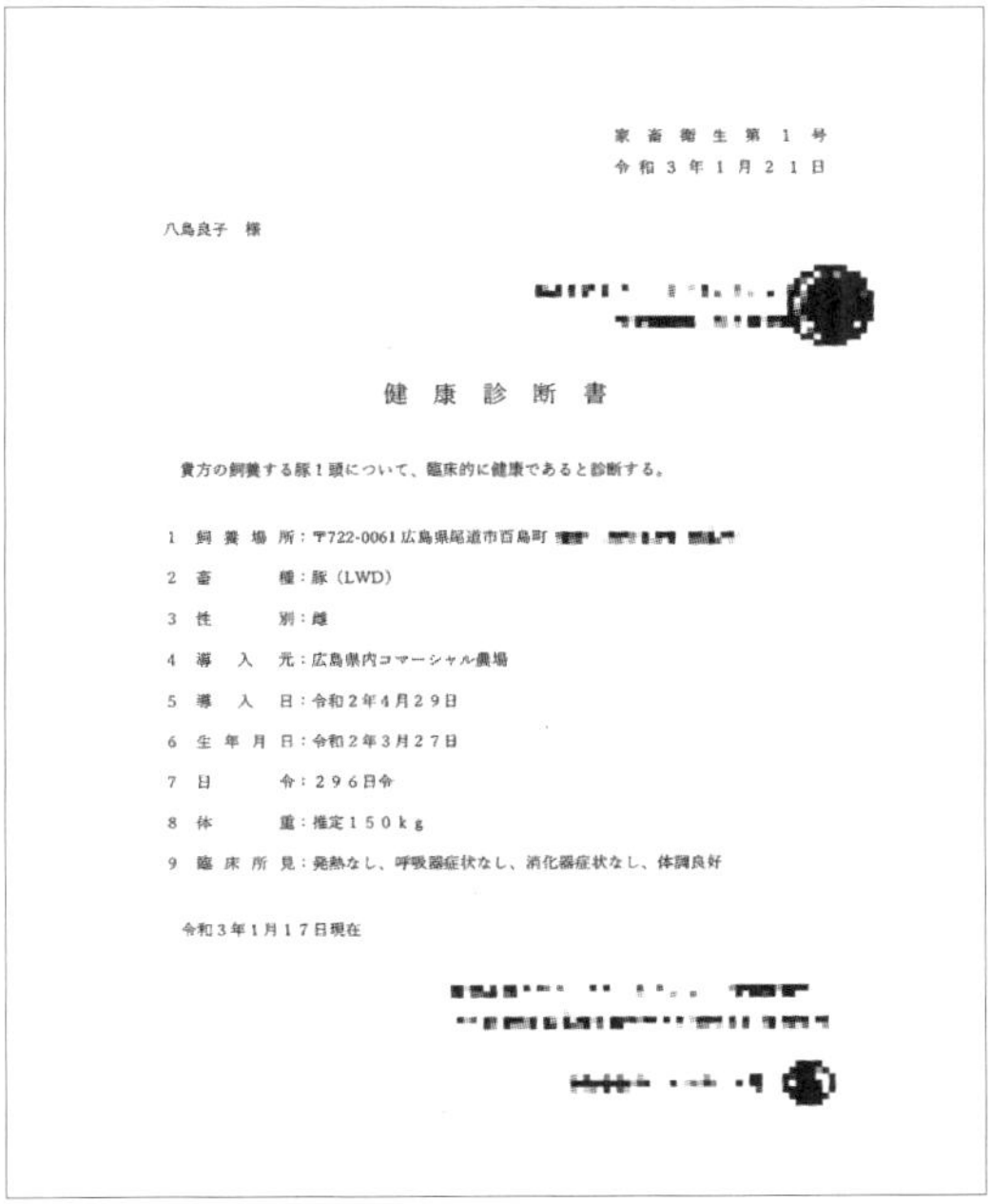

家畜衛生第１号
令和３年１月２１日

八島良子　様

[redacted]

健康診断書

貴方の飼養する豚１頭について、臨床的に健康であると診断する。

1　飼養場所：〒722-0061広島県尾道市百島町 [redacted]
2　畜　　種：豚（LWD）
3　性　　別：雌
4　導 入 元：広島県内コマーシャル農場
5　導 入 日：令和２年４月２９日
6　生年月日：令和２年３月２７日
7　日　　令：２９６日令
8　体　　重：推定１５０ｋｇ
9　臨床所見：発熱なし、呼吸器症状なし、消化器症状なし、体調良好

令和３年１月１７日現在

[redacted]

2月4日　木曜日　282日目

ご飯に魚が入っていると喜ぶモモ。タンパク質不足に注意している。

瞬く間に時間は過ぎていく。色々と考え始めると眠れないのでお酒を飲む。また暖かい日はモモとお酒を飲もう。

2月5日　金曜日　283日目

先日購入した二〇〇リットルの冷凍ストッカーを引き取りに島外へ。

さすがに一人では持てないので、車

のままフェリーに乗った。

この帰り道、広島県の食品生活衛生課から「自家用屠殺をやめてもらえないか。考え直して、屠畜場に連れて行ってほしい」といった趣旨の電話を受けた。自家用屠殺申請に対する行政の拒否権はないはずだけれど、些《いささ》か問題になってきている気がする。今日の日本社会において、自分の手で自分が食べるためのお肉を生産するのは、本当に難しそうだ。

2月6日　土曜日　284日目

屠畜のことを考え続けている。広島県の職員の方と本日も電話。屠畜場への搬入を再度勧められる。クリアしなければならないハードルが多く、無自覚なふりをしてもかなりのストレスがある。適切な屠畜環境を準備できるのか、屠畜方法に問題はないのか、動物愛護団体に過激な攻撃をされるのではないかという心配もあった。職員の人たちは、かなり怯えているように見えた。動物愛護団体の行動は正直わからないけれど、わたしはモモが生きる上での豊かな環境と死について考え続けているから、目指す意識の方角は近い気がしている。だから、頭から否定せず、そういった意味で興味を持ってくれると嬉しいんだけどなあ。

作業環境は、猪の移動式解体処理車のジビエカーをどこかで借りることも考え中。でも、これは現実的ではない気もする。担当者によれば、床はコンクリートでないと不可。鼠族昆虫対策も必要なので、屋外での屠畜作業は難しそうだ。

屠畜場だと、一頭につき千円少しで屠畜される。すごいよね。安すぎる。

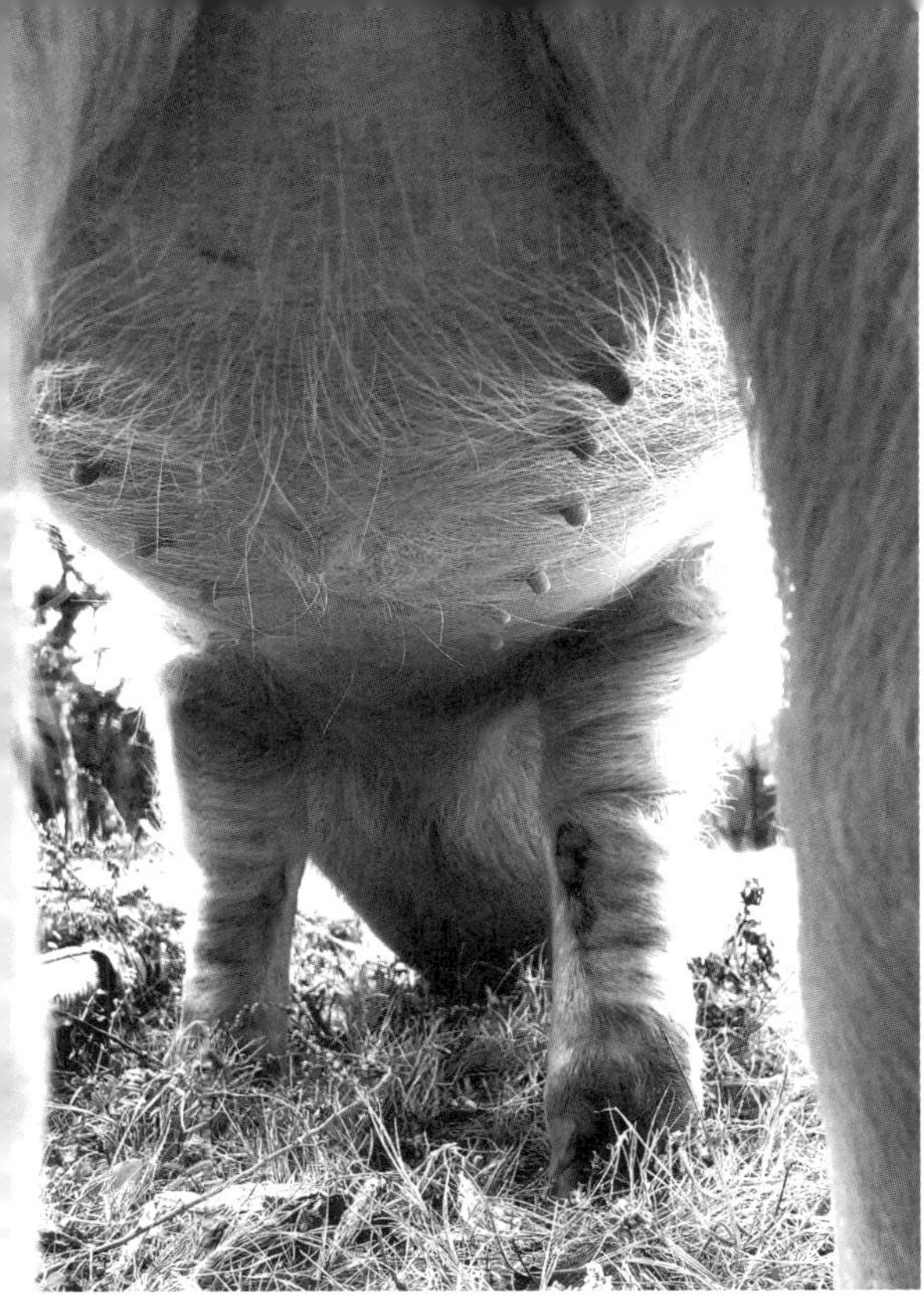

2月7日　日曜日　285日目

モモの股下の世界を見て平静を保つ。
ラストモモはいつになるんだろう。かなり焦りがある。

2月8日　月曜日　286日目

屠畜について考えがまとまらなくて気が滅入っている。出来なかったらどうするんだろう。不安で仕事にも集中できない。
昼休みにモモの世話。モモの世話をしている時だけ現実逃避できる。モモはおしっこの後、犬みたいに臭いを嗅ぐ。犬は自分のおしっこを嗅いで体調管理するみたいだけれど、モモの行為にもそういった意味がありそう。周囲の草を食べながら臭いを確認して、嗅ぎすぎるとオエッと吐きそうになっていたりするので親しみがわく。見てて面白い。

2月9日　火曜日　287日目

朝が起きれない。憂鬱すぎて起きたくない。でも、何もしないと不安に飲み込まれて動けなくなりそうで、自分の頬を叩いて無理やり覚醒。

豚の舌は見た目が人間のとよく似ている。面長だからか、かなり縦に長い。モモの食事をスローモーションで撮影してみると、一度に口に含むご飯の量はかなり少ない。ただ、それを高速で繰り返すことで大量摂取している。少しずつ飲み込んだ方が消化にいいので、効率がいいのかも。何事も。

2月10日　水曜日　288日目　広島県庁

急遽、仕事を休んで広島県庁へ行くことに。モモに朝ご飯を沢山あげて出発。道中は気が重く、食欲もない。なぜかって、自家用屠殺をやめてほしいという話をされに行くんだから……。

——そもそも、今から一年前のモモを飼育する前から、わたしは広島県に問い合わせて相談していた。そして担当部署からは、行政に拒否権はないので申請したら自家用屠殺できます、との電話回答をもらっていた。ほかに特別な事項など聞かされていない。この回答を受けて、わたしいか？

は準備を進めてきたのに。今、この直前にも拘らず、一体なんなんだ。後出しジャンケンすぎな

担当職員三名と二時間弱の話し合い。端的に、衛生と疾病のリスクを考えて自家用屠殺はやめてほしいとのことだった。なぜ自家用屠殺は申請すれば可能という法律があるのかを問うと、屠畜場法は昭和二十八年（一九五三）からほぼ改正されていない法律のため、現在では交通のない完全な離島などにおいて、どうしても食肉したい場合のためにあると解釈してほしい、と返された。今日の日本で物資が供給されないほど隔絶した土地に住んでいる人がいるのかという疑問はおいといて、要するに個人が自家用屠殺をしたいと希望して申請しても、現在では行政が衛生リスクを避けたいと考えた場合は行なえない？

担当者に対し、わたしは、モモの自家用屠殺は命と向き合う最重要過程といっても過言ではないこと、そして個人が行なえる現実的な衛生管理を行なった上で屠畜したいことを伝えた。また、お世話になっているオオクボ獣医師は屠畜検査員の経験もあり、ありがたいことに自家用屠殺の際は立ち会いを申し出てくれたので、わたしが間違って病変部位を食べることも回避できると伝えた。

しかし、話は平行線。獣医師が一人立ち会ったとしても、病変部位を絶対に見逃さないとは限らないため衛生の確保にはならない、と。わたしが衛生管理指導で配布された紙面を見て、これならクリアできそうだと言うと、「いいえ、これはもう少し検討して作り直します」と。何がな

んでも、させたくないの？　そう思ってしまうほど強硬な姿勢に感じた。

ただ、わたしの考えがまったく伝わらなかったわけではない。担当職員は事務的、そして義務的に衛生を管理して、責任追及や問題から逃れる必要があるだけで、わたしの目的を否定したいわけではない。自家用屠殺をやるべきだとは決して頷いてくれはしなかったけれど、話には熱心に耳を傾けてくれ、モモのことを「モモちゃん」と呼び、何がお互いにとって落とし所なのかを検討し始めてくれた。

そこで提案されたのは、モモを屠畜場へ連れて行き、わたしが一時的に屠畜作業員となってモモを屠畜できるかどうか、というものだった。そもそも屠畜場が、この提案を簡単に受け入れてくれるとは思えない。しかし、担当職員にとっては、わたしがモモを自らの手で屠畜することを最重視していることを前提に捻《ひね》り出した苦肉の策だった。百島でモモを可愛がってくれたみんなに見守られながら……と想像していたけれど、最大の目的は、最期までモモのそばにいるのは、わたしであること。何かを実現するためには、取捨選択しなければいけないものなのかもしれない。ただ、妥協もしたくない。担当職員は、わたしを一時的な屠畜員として受け入れてくれる屠畜場を探してみると言ってくれた。もし、見つかったら、わたしはそれを受け入れる？

正直、わたしはモモを食べて病気になって死ぬなら、それも良いと考えている。これはアイロニカルな話ではなく、強い愛情すら、時間と天秤にかけることによって失われることが多いから、たとえ一時的でも、極端な気持ちは大切に残しておくべきだと思っているわけで……。

ということで、わたしが自家用屠殺できるかどうかは、現時点では白紙になってしまった。疲れ果てて帰宅すると、モモはぐっすり眠っていた。今日はわたしもたくさん寝たい。

2月11日　木曜日　289日目

天気がよく、とても暖かい日。モモを眺めながら、今後どう進めていくかを考えている。日程をずらしてでも実現すべきことだし、この試行錯誤も糧《かて》であり、価値になるかもしれない。行政が作り出した指示を破ると、「密殺」という罪になる。昨日、県職員には「広島では一年以下の懲役か百万円以下の罰金です」と言われた。でも、なんだか覚悟を試されているようで、いっそ前科持ちもおもしろいのかな……なんて不健全な思考まで出てくる。人間って大変だ。いまの日本では、牛、豚、馬、山羊、羊の五種の自家用屠殺は各都道府県に事前申請しなければいけない。でも、これはあまり知られていない。自家用屠殺ということば自体、聞きなれない。だから、たまに沖縄などで個人が山羊を屠畜して警察に摘発されたりもしている。そもそも届出を出せば合法的に屠畜できる事実が、「衛生上問題がある」という理由でほとんど広報されていないから、犯罪を誘発していることになるのでは？　と思ったりもする。

2月12日　金曜日　290日目

常にモヤモヤするので、モモを眺めたり、人と話したりしている。映像撮影を依頼していた東京のカメラマンにも、延期の可能性を伝えた。

島の人に話すと「とにかくやれるところまでやってやれ」とか「前科がついた方が箔がつくよ！」なんて言ってくれる人までいるから、自分の弱さを実感。

最後までやれることやれ。

2月13日　土曜日　291日目

休日なので行政と連絡が取れず、気持ちは宙吊り状態。かなり不安。

モモは何かを探しては食べることに夢中で、わたしのことをいつも無視する。声をかけているはずのわたしの存在は消え、時間だけが過ぎていく。愛情のキャッチボールは、ほとんど起こらない。ご飯をちらつかせることのないコミュニケーションをモモに求めるのは、わたしの孤独を解消したいだけでエゴなのかな。モモを孤独にしたくないという感情も、そもそも見当違いなんだろうか。とりあえず何もしないと不安なので、屠畜に必要な専用のナイフなどを買い始めた。

2月14日　日曜日　292日目

モモは探検が好きで、頭が良く、一度入れると知った扉は鼻で押し開けて侵入してしまう。最近は、隙をみて狙った扉へ一目散に走り、気づいたわたしが必死で追いかけてくるのを確認して更に加速し、追いつく前に押し入る。ただ、何か悪さをするでもなく、見慣れない部屋を歩き回り、匂いを嗅ぎ、気になるものを口に含んでは出している。それがあまりに楽しそうで、強く怒ることができない。

モモには、この世界がどう映っているんだろう。養豚場にいる豚よりは、きっと多くの冒険をしているはず。百島中を歩き回って、四季を感じ、いろんな人々に出会い、あらゆるものを食べて、わたしと一緒に眠って、まるで人間のように育った。モモの気持ちはわからないけど、そういう育て方をして良かったと思う。

＊

本日は、早めの誕生日祝いだと、ヤナギさんが贅沢な鮨をご馳走してくれ、またそれが本当に美味しくて、魚に感謝で職人にも感謝。賑やかに食べる料理は美味しい。なんとしてでもモモを美味しくしなければならないんだと強く嚙み締めた。

2月15日　月曜日　293日目

月に一度はある、米焦がし。焦げると、モモの食欲落ちちゃうんだよな……。

広島県庁に連絡すると、わたしが作業できる屠畜場を引き続き探してくれているようだった。数件はすでに断られたとのこと。畳み掛けるように、百島での自家用屠殺を強く希望すると伝える。職員の方は困ったような声で、「うーん……いやー……」と唸っていた。先日の面会での話し合い以降、担当職員の電話口での物腰には柔らかさを感じる。行政としての対応はあるかもしれないけれど、人と人の話でもある。ただ、自家用屠殺をオーケーとは言ってくれないので、宙吊りに変わりはない。

2月16日　火曜日　294日目

広島県の結論を待ちきれず、ラストのための資材調達に出る。一日中ホームセンターに居座るも、整理のつかない頭に幻滅して帰島。気分転換に、同僚のニシオくんが購入したスウェーデンの塩漬けニシンの缶詰のシュールストレミングとインホウさんが持っていた臭豆腐《しゅう》を食べられるか挑戦。わたしは元々ブルーチーズ、くさや、パクチー、臭いのキツイ食べ物が苦手で、一昨年に韓国で食べたホンオフェというエイを発酵させた刺身はトラウマにすらなっている。それなのに、この世界一臭い食品と聞くシュールストレミングを臭くて食べられないとは感じなかった。むしろ、その奥に旨味すら感じる。そして臭豆腐も、問題なく美味しい。一年足らずで自分の味覚が大きく変わっていることに驚く。毎日モモの排泄物を嗅いできたからだろうか。思い当たるのは、それしかない……。

このシュールストレミング、きっとモモが喜ぶに違いない！　食べきれなかった身と汁を小屋へ持っていき、モモに献上する。――食べない！　見向きもしない！　むしろ、ちょっと吐きそうな表情で、尿意までもよおしたのか、おしっこをし始めた。かなり不服そうだ。豚が食べないものを食べる人間の方がおかしいのかもしれない。

2月17日　水曜日　295日目

すごく寒い。モモも久しぶりに藁に包まっている。炊飯器を洗う水が冷たくて指先が取れそう。今日は島の人からいただいた魚で炊き込みご飯。おやつは友人が持ってきてくれたドングリ。

歩む速度は人それぞれだけれど、こんなことを続けていたらわたしは早死にするかもしれない。いや、むしろ嫌というほど長生きするかな。どっちでもいいけど、今は時間が長いのに進むのは早くて、もう後戻りはできないことを思い知らされる。

日課となってきた広島県庁との電話では、なんと一箇所、わたしを作業員として受け入れてくれるかもしれない屠畜場を見つけたという。相手方の許可を得たら電話番号を教えるので直接話してみてほしいとのこと。本当だとしたら、それはそれで、すごい事例。

百島での自家用屠殺も引き続き検討して欲しいと伝えると、まず地面が土なのは良くないと言われ、木の板を敷くなどが必要だと言われた。それくらいは問題なく対応出来ると伝えると、それにも困ったように唸り、「なんとか屠畜場での屠畜を検討してほしい……」と去り際の嘆願を受けて、電話は終了した。

わたしたちの安全って、なんだろう？

夜は島の人とお酒を飲んで、最近の鬱憤を発散した。自由な意見を聞けて、やはり面白いし心強い。そのため、完全に飲みすぎた……

2月18日　木曜日　296日目

完全に体調が死んだ。二日酔いもあるけど、月に一度の恐怖の生理痛に襲われた。ラストの日と重ならなくてよかったけど、一日中瀕死の状態で、キムラさんにモモのご飯をお願いすることになってしまった。

横たわりながらの作業は、まったく進まない。日課の広島県庁との電話では、屠畜業者が話を聞いてくれることになったと番号を教えられた。広島の屠畜場は六〇年代に自家用屠殺のための場所貸しをしていた歴史があるらしく、その延長のような考えで受け入れてくれるのかもしれない、とのことだった。ただ、その業者は「こっちも商売だから、モタモタしてたら横から手を出すぞ!」とも言っていたらしい。怖い。それはそうだろうな。毎日何十、何百と捌く技は見事で、一朝一夕に真似出来るような作業ではない。きっと遅いとか、下手だとか、怒られる気がする。電話は明日の午後指定とのこと。緊張する……

2月19日　金曜日　297日目

日がかわっても体調が回復しない。メンタル面も関係あったりするのだろうか。体調を崩すと、それだけで怠惰な人間に思えて、今回は特に動けない自分を責めてしまい、辛かった。

午後になり少し回復。気を取り直してモモを暖かい日の当たるグラウンドで遊ばせていると、オオクボ獣医師から電話。その後どうなったかと心配してくれていた。広島県庁にもわざわざ電話してくれ、屠畜の立ち会いから、必要であれば内臓などを生体検査に出すと言ってくれた。また「猪などジビエとの整合性がとれない行政指示は出すべきでない」とも伝えてくれたらしい。ジビエは、狩猟期間中であれば個人が仕留めた肉を食べても全く問題にならない。販売する場合を除けば食用は自己責任だ。野生と家畜の垣根は不自然な形をしている。「それでもまだ自家用屠殺を退け続ける場合は、再度自分が電話してみる」とまで……。もう、泣けるよね。自分より周りが逞しい。

そんな言葉に勇気づけられたので、威勢よく屠畜場の人へ電話。渋い声の男性が出る。広島県の担当者からはどこまで聞いていますかと尋ねると、自家用屠殺をしたい人がいるとだけ聞いていると返答。手短かにモモのことを説明し、自身の手による屠畜を希望していると伝えた。すると、「うちでの屠畜は広島県職員の屠畜作業員しかできないよ！」とアッサリ拒否。あれ？どうなってるんだ？　なんだか話が少しズレている。

残念だなと思いつつお礼を言って電話を終えようとしたら、

「自家用屠殺なんてするもんじゃないよ！」と言われた。

「なぜですか？」と聞くと、

「だって家畜だから！　感染症や衛生リスクがある！」

「家畜だから？　猪はいいんですか？」

「猪は野生だから違う」

「猪も豚と同じ病気にかかるし、野生の方が衛生リスクはあるのでは？」

「わからんけど、猪も食べる場合は検査か何かしてるんじゃないのか？　とにかく自家用屠殺はしない方がいい」

「獣医師の立ち会いのもと、病気には細心の注意を払う予定で……」

「その獣医師はだれだ？　そんなやつがいるのか？」

そんなやりとりが少し続き、お忙しいところお話いただきありがとうございました、と電話を切った。

なんだろう、この矛盾は。

ひとまず県の担当者にこの会話の内容を電話で伝えると、自分と話をした時は、自家用屠殺を受け入れられるんじゃないかと業者は答えたという。しかし、「その後上層部に再確認して、出来ないと判断したのかもしれないな」そう呟く担当職員の声は、とても残念そうだった。ここまでしてくれたことには本当に感謝しているし、事務的なのかもしれないけれど、優しさも感じる。

もう、百島での自家用屠殺を許してほしい。法的にも罪ではないはず。何があっても誰のせいでもない。わたしの責任だよ。

2月20日　土曜日　298日目

本日は仕事に集中。夕方はニシオくんに手伝ってもらい、屠畜に使用する柵をグラウンドで仮組み。すぐにバラシやすいように、単管パイプで作ることにした。縦二メートル、横一メートル、高さ一メートルのコの字形。ちょっと大きいので調整が必要かな？　モモは単管パイプがない側からスムーズに入って柵の中でも夢中になってご飯を食べている。豚は後ろに動く力が強くないようで、わたし一人でもモモを柵から出ないようお尻を抑えることが可能だった。その様子を見て、意図せず形状が養豚場のストールに似てしまったことに気づき、なぜこの形状とサイズ感が主流なのか理解できた。人間にとって、豚という動物が格段に扱いやすくなる。短時間では特別嫌がるような素振りはない。ただ、目の前のご飯が少なくなると、不足元の土を掘りまくっていた。もしかすると、不自由は感じていて、土掘りでそのストレスを発散しているのかもしれない。快適重視で改善の余地あり。豚のハグ・マシーンを考えて、両サイドを柔らかい素材で圧迫する方法を検討したけど、心地良いとは感じてなさそう。テンプル・グランディンからの返事もないし、この件はあきらめた方がいいのかなあ。

これから朝と昼のごはんは柵の中で食べてもらう予定。慣れてくれるかな？

2月21日　日曜日　299日目

早春。陽光に包まれてモモと元気に遊ぶ。夜ご飯の時に少し気になったのは、モモが目を閉じたまま食べていたこと。どうしたの？　と心配して見ていたら、食べ終わって早々に寝始めた。わたしがいる限り、すぐには寝床につかないのに……春眠暁を覚えず？　そんな珍しく落ち着いたモモの身体に乗っかり、抱きついて撫でまくって、一緒に少し寝て、とても幸せな時

間を過ごすことができた。十ヶ月前はわたしがモモを抱いていたのに、いまはモモに抱きつかせてもらっている。

行政と連絡できない休日は不安が膨らむ。命と向き合う過程に、矛盾した制度の障壁が多すぎる。野生と家畜の違いは何？　とにかく、やれるだけやるぞ。

2月22日　月曜日　300日目

モモのラストは延期が決定した。今回、自家用屠殺が受理された場合、新たな前例をつくることになってしまうようで、広島県の姿勢は大変慎重。それはわたしも理解している。

「自家用屠殺は〈食べる〉ことを目的に行なわれるものだが、あなたの目的は〈アート〉ですよね。そのため、制度の主旨とは異なる目的になるのではないか？」

そう担当職員に問われ、

「〈食べる〉という行為に〈アート〉が存在するのであって、別目的でも切り離せるものでもないんです！」

そう電話で説明したけれど、うまく伝わっただろうか。

昨晩の違和感に間違いはなく、今日のモモは目を完全に閉じていた。食欲も排泄物も良好だし、グラウンドを活発に歩いて、草を食べ続けているけれど、すべて目を閉じて行なっている。目から水っぽいものが出ていて、無理矢理に目の中を見ると充血気味。まぶたも明らかに赤みがかって腫れぼったい。病気なのかとオオクボ獣医師やコバヤシ牧場長に相談してみるも、そのような症状は聞いたことがないし、病気の確定も難しいと。様子を見るしかないか……。モモの健康を心配したり、屠畜のことを考えたり、我ながら頭の中が複雑だ。

2月23日　火曜日　301日目

モモは今日も目を閉じたまま。それ以外はすべて良好なのに……。目が見えないからか、いつもに比べて大人しく、攻撃もしてこない。

犬や猫、猿や馬などの体内に寄生虫がいない場合、花粉症になるというデータを見つけた。まさか、モモは花粉症なのでは？　たしかに、モモが目を閉じた日から花粉症のわたしは薬を飲んでも止まらないほどクシャミしている。とりあえず、思い当たることが花粉症しかないので様子をみる。ただあまりにも腫れぼったいので、キムラさんから猫用のタリビッド軟膏を分けてもらい、点眼してみることにした。モモが寝ている隙をみて、ニュルッと目の奥に滑り込ませる。少しでも改善されるといいんだけど……。

＊

モモの屠畜が延期になって、少しホッとしている自分がいる。同時に、天皇誕生日の祝日で県とコミュニケーションが取れないことにも不安がある。延期自体は、ある意味良かったのかもしれない。なぜか頭がスッキリしている。新たなステージに突入した気持ちだ。気分転換に髪も切った。

2月24日　水曜日　302日目

今日、なんと広島県の担当職員から「自家用屠殺申請をしてください」と電話がきた！　大きな前進だ！

適切な指導書を近日中にもらえるようで、それに則って準備を行ない、職員の現地確認後に実行という段取りになった。指導がどこまで厳しいのか不明だけど、光明は差している。がんばろう！

そして軟膏が少し効いたのか、モモの右目が僅かに開いた！　目頭から見える粘膜が赤く炎症している。花粉症なのかな……相変わらず、わたしもクシャミが止まらないし。

モモに多少の視界が戻って、駆け足でわたしに近寄るようになった。盲目の時は匂いと音でわたしを探すので、ゆっくりとしか近づいてこなかった。豚は目が悪く、ほとんど鼻と耳で生きていると聞いていたけど、飼育上の実感としては違う。目が使えるときは、柵に手をかけて立ち上がり外の景色を確認していたし、恐怖を感じるほどの猛スピードで走ってきたり、こちらが骨折しそうなタックルをかましてきたり。目が見えると暴力的だけどイキイキしていた。様々なものに出会う百島の日常を経て、モモの視力が通常より上がったりしたのだろうか。

今のモモは、生活は困らなくとも気弱な性格になっている。早く元気になってほしい。

2月25日　木曜日　303日目

モモの目は少しだけ開いている。けれど、やはり痒いようで、どこかに擦って掻いているみたい。まぶたに擦り傷ができている。目を洗ってあげたいけど、顔に水がかかることを嫌がる。とりあえず今晩も軟膏を塗るか。

延期なんて考えてなくて、また直前までパニック気味で、くず米の発注をすっかり忘れていた……やばい。明日までしかストックがない！　すぐさま注文したけれど、明日にはさすがに届かない。困ったな。

2月26日　金曜日　304日目

雨。花粉も少ない。なので、気のせいかもしれないけど、いつもより目が開いている気がする。ただ、涙のような水で目の周りがビショビショ。この目を閉じて頬を濡らすモモを見た島の人が「自分の最期を感じて泣いているのかと思った……」と呟いた。

本来は、明日、自家用屠殺の決行を計画していた。四日前にモモの目が開かなくなったとき、わたしの頭にも島の人と同じ考えがよぎった。もう現実は何も見る必要がないと悟ってしまったような行為だと。喚くでもなく暴れるでもなく、ただ目を閉じる。花粉症じゃなくて、死の恐怖で泣いているんだとしたら、なんて酷なんだと胸を締め付けられた。でも、これはすべて想像の範疇でしかない。動物の気持ちがわかった気になるほど、おこがましいことはない。

今日、くず米は届かなかったけれど、島の人がモモのために沢山野菜をわけてくれて、蒸したじゃがいもと合わせたらなんとかなりそう。ありがたいな、ほんと。

2月27日　土曜日　305日目

ハッピーバースデートゥーミー！

ということで、ただの自分の誕生日として本日を迎えた。いろんな方から祝福とともに「モモはどうなった？」と連絡もらって、なぜか嬉しくなっている。

今日がモモの命日になる予定だったけれど、ひとまず一ヶ月の延命になった。

一人に命の期限を決める権利なんてない！」と言う人がいる。そんなのあるわけないよ。あるわけないから、考えてるんじゃないか……。そういった意見は、少しでも自分が良心の呵責から解き放たれたいがゆえに生まれてしまう気がする。ただ、そんな簡単に良心に依存できるなら、こんなことしてない。

お祝いにと、モモには熟《う》れたバナナをあげた。器用に食べるなー。目の状態が変わらないので、人間の子どもに使用できて防腐剤なども入っていないアレルギー専用目薬を買って挿してみた。どうかなあ。

2月28日　日曜日　306日目

今日はスタッフのみんなに誕生日を祝ってもらった。愛溢れる豚ケーキとお手製の鮨。最高に嬉しい。

今日のモモも相変わらず美豚で愛らしい。最高だ。

3月1日　月曜日　307日目

広島県から、屠畜における衛生面等の指導書がメールで届いた。

自家用とさつについて

令和三年二月十日に来庁いただき、相談のあった自家用とさつについては、別紙「自家用とさつにおける注意事項」により行えるよう準備した後、とさつしようとする七日前までにと畜場法施行細則第八条に基づき、自家用とさつ届正本一通とその写し一通に必要書類（当該家畜の健康診断書）を添えて提出してください。また、届出書の提出の後、施設の確認を行いますので、指導事項に従い準備された施設設備の詳細が分かる資料をあわせて提出してください。

提出書類

一　自家用とさつ届（様式五号）正本

二　自家用とさつ届（様式五号）写し

三　当該家畜の健康診断書

四　指導事項に従い準備された施設設備の詳細が分かる資料

添付書類

「自家用とさつにおける注意指導事項」

「と畜解体時の衛生管理について」

「野生鳥獣肉の衛生管理に関する指針（ガイドライン）」
「動物の愛護及び管理に関する法律」
「動物の殺処分方法に関する指針」

大量の堅苦しい書類を目の前に、どこから手をつければいいかと頭をフル回転させる。指導書は緩いように見えて、いかなる解釈も可能な言葉が選ばれている内容。でも、衛生環境や処理知識が甘くて食中毒や病気になる事態を避けなければならないのは事実。とにかく、これから約一ヶ月が正念場。なんとか現地確認をクリアして、最後まで辿り着きたい。

＊

モモの目がなり開いてきた。やはり花粉症だったのかな。モモはいつもマイペースで、孤独にも慣れているように見えるけど、なんとなくコチラが気になるのか、それとも少し寂しいのか、わたしの足に寄り添って歩いてくれる時がある。そこにはとても人間味がある。

3月2日　火曜日　308日目

モモの目、開眼！　うれしいよ！　よかったよー！

原因はわからずじまいだけど、細菌か花粉のどちらかと推測。とにかく、両目ともにしっかりと開いたことでひと安心。粘膜もそんなに赤くない。島の人からまた沢山野菜をもらったし、いっぱい食べて健やかに育ってくれ。

3月3日　水曜日　309日目　福山市立動物園

買い出しの合間に弾丸で福山の動物園に行ってきた。モモばかり見ていると、それも偏りがある気がして。

まったく派手さのない素朴な動物園。規模も小さく、平日午後の来場者はざっと十組ほど。小動物はともかく、大型動物は鑑賞者に見向きもせず、動作の反復が見られる。そういった常同行動は、動物本来の行動欲求が満たされない場合に起こると聞くので……気のせいだといいな。モモを飼い始めて初の動物園だったけれど、こんなにも冷静に動物を観てしまうのは初めてかもしれない。

動物たちの目を見て、人に対する反応を見て、彼らが自然体ではなく異常に見えたのは来場者の中でわたしだけだろうか。ペットでも家畜でも実験動物でもない、鑑賞と種の保存を目的とされた生物たち。人が管理しやすいことを前提とした動物の心地よさと、鑑賞者にとっての見栄えの良さ。限られた自由の中では、自分の本来の姿を知る日はこない、それは籠の中の鳥のような

――というのは俗説的だけど、わたしもそう思う。

モモを育ててみて、やはり動物は環境や飼育方法と愛情の与え方で大きく変わると感じている。

人間だってそうなんだから。ただ、これは決して動物園自体を否定したいわけではない。動物のことを一番に考えて行動する人々によって支えられている施設だとも思う。しかし、なんだか違うんだな。これはまだ言葉にできない。わたしが彼らと密接な関係性を持っていないので曖昧な感想しか持てないのかもしれないし、安易に現状を批判することが正しいとも思わない。

牧場や動物園に行って毎度思うのは、こうした行為を人間が動物に行なうならば、その環境にはより膨大なお金と労力が注ぎ込まれなければいけない、ということ。人が羨むほどのいい暮らしを動物が手に入れて、初めてわたしたちは管理させてもらえるんじゃない？　という感覚。とりあえず、ここら辺でストップ。

ふれあいゾーンで無表情のピグミーゴートを撫でながら、まだこの子とわたしの関係はできてないから、殺して食べるなんて出来ないなー、とこぼした。これもまだ説明できない思考だ。

3月4日　木曜日　310日目

グラウンドに、車の運転を練習する人間と、それを追いかける豚と、それをそそのかす人間が運転する車がいる。モモと一緒にグラウンドを走り回る車が大型動物に見える。走ってもすぐにバテるわたしより良い遊び相手かもしれない。そんな車に、モモは胴体をよく擦り付ける。軽自動車なんかはグラグラと横に大きく揺れて、やめてくれと悲鳴が聞こえる。もちろん運転手も悲鳴を上げている。

屠畜環境について細かな不明点を担当職員にメールで質問。

①と畜および放血、はく皮の専用の場所を設けるとありますが、こちらは同室内で問題ないでしょうか。

②「適切な高さを有する肉懸ちょう器が備えられていること」とありますが、この適切な高さとは放血と解体処理の背割りに不便のない高さであれば問題ないでしょうか。

3月5日　金曜日　311日目

今日も快腸、健康の象徴、とっても良い兆候！

安部公房の評論集にある「右脳閉塞症候群」というエッセイで腑に落ちた文章があったのでメモ。

《情緒は一見したところ感性と近縁にある精神活動のようだが、じつはおおよそ似て非なるものので、むしろ言語周辺領域に属する「あいまいな言語」と考えるべきだろう。〈……〉まがいものの言語のくせに、なんとなく感覚的な、そのまぎらわしさがよけいに危険なのだ。》

さっそく食品生活衛生課から返信がきた。屠畜手順の参考例も教えてくれた。とても助かる。

①回答：同室内で行う場合、それぞれの工程作業による汚染を防止する対策をとる必要があります。また、作業中の着衣についても、汚染物が付着した場合、流水等で洗い流せ

るような雨合羽などの着用を推奨します。内臓摘出、はく皮後には、着衣を変えることが必要です。さらに、履物についても、ゴム製の長靴など使用し、汚染物が付着した場合流水で洗い流すなどして、常に衛生的に保ってください。

②　回答：適切な高さとは、作業の利便性ではなく、衛生的に作業を行うために、懸垂したと〔屠〕体の頭部（頭部の切り離し後は頸部）が床に接しない高さをいいます。

〈例〉

一　と畜、放血時に不浸透性のブルーシート等で床面、壁を覆い、作業終了後、血液等が流出しないようにブルーシートを除去する。

二　と体を別の新しいブルーシート等の上に移動する。

三　と体の懸垂（片足懸垂）、飲用水によると体の洗浄

四　洗浄物による汚染防止のための水切り又は、新しいブルーシートとの引き直し

五　と体の吊り下げ

六　脱毛、毛焼き

七　前後肢のはく皮切断

八　肛門周囲の処理（ビニール袋掛け・縛り）

九　尾切

十　恥骨、腹部、胸部の切開、直腸の二重結紮《さつ》

十一　又菅（ギャンブレル）への架け替え
十二　と体の懸垂（両足懸垂）
十三　頸部の切開
十四　食道の二重結紮
十五　舌の引き出し、耳の切除、頭部の切り離し
十六　内臓の摘出
十七　ここまでに、切除した部位及び摘出した内臓等を汚染等の拡大が起こらないようにかたづける。
十八　はく皮を台上で行う場合、新しいブルーシートとの交換を行った後に、作業台場へ、と体の吊り下げを行う（前の工程での汚染可能物との接触を避けること。）。

3月6日　土曜日　312日目

空にたたずむ三つの小さく太った雲がなぜか気になる。あると思った時間が過ぎていく。

モモ、一月中旬の時点では目算一五〇キロだったけど、今は一七〇キロくらいあるのでは？

昔の写真が痩せて見える。当時はおデブタだと思っていたけど、やはり見え方は時間と共に変わるなー。

3月7日　日曜日　313日目

ご飯は顔で食べる、モモ。

動物を扱った現代美術は多くあるけれど、何か、表現としてのその軽やかさにモヤモヤすることがある。動物の命や存在がもつエネルギーを、人が美の傘下で巧みに操ってるな……もっと這いつくばれよ！　みたいな。そんな反骨精神をどこかに持ちつつ進んでいるけど、ほんとに這いつくばっていたらモモに攻撃されて身体がアザだらけだ。何やってるんだろう。この一年、マダニにも刺され過ぎて、さすがに病気になるのではと震えている。こんなことでは死にたくない。

3月8日　月曜日　314日目　因島

朝六時半にフジワラ師匠から電話。

「猪かかったぞ！　無理しなくてもいいが、くるか？」

「い、行きます！」

即答し、仕事場に頼んで休みをもらい、モモの世話をキムラさんに委ねて、因島へ。解体練習に行くのは久しぶりだ。冬場はなかなか猪が罠にかからない。たまに捕れたときに電話をもらっていたけれど、モモを代わりにみてくれる人がいなくて断り続けていた。本番に向けて焦り、練習したい気持ちが逸《はや》っていたところに電話をもらえたので、救われる思いがした。

約一時間で到着。因島の駆除班の人たちが四名集まり、箱罠のある山へ向かう。みかん畑の中に置かれた鉄製の箱罠には二〇キロ前後の猪が入っている。まだまだ子どもだ。今日は止め刺しもさせてもらう。電気で仮死状態にしてから首にナイフを刺して放血。何度も解体の練習をさせてもらったけれど、止め刺しは初めて。

まず箱罠の中の猪に水をかける。これは感電させ易くするため。鉄製の箱罠をアースにして、猪に電極針を刺すと通電する仕組み。オオクボ獣医師が、出力の弱い電気止め刺しは猪や豚に強い苦痛を与えると言っていたのを思い出して胸が苦しい。

「さあ、やってみなさい」と先端に針がついた細いパイプを渡される。箱罠の中の小さな猪は、どうにか脱出しようと必死で鉄格子に食らいついている。逃げたいという強い意志。鉄格子に押しつけた鼻は傷だらけで出血し、目を剝き出してこちらを威嚇してくる。電極針は首周りに刺すのが良いらしく、そこを狙う。怯《ひる》むと出来なくなる気がしたので、箱罠の隅からこちらを睨む猪に向かって、勢いよく刺した。しかし、狙いを避けられ、針は身体を少し擦った形になってしまう。その一瞬の通電に悲鳴をあげる猪。こりゃいかん、と急いで二回目。次は横腹に刺さった。猪は瞬間的に脱力。「首に刺し直して！」と言われ、抜いて再度首に刺す。個体が小さいこともあり、三十秒もかからず仮死状態になった。急いで罠を開けて猪を引き摺り出し、大きな容器に入れる。仰向けにして放血の部位を確認する。腕と腕を結ぶ正中線より少し上、人間でいう鎖骨同士の隙間の窪み付近。痩せているので、指で触るとこの溝を発見できた。そこを刃渡り五センチほどの短いナイフで刺す。しかし、血が出ない。頸動脈が切れてないのだ。刃先を左右に動かしてみてと言われる。恐る恐る動かすと、血が流れ始めた。モモは首周りに分厚い脂肪がついている。今回よりポイントはわかりづらいだろう。映像や解剖資料などを見てしっかり予習しなければいけない。

それにしても、手に伝わってきた感覚が忘れられない。特に、電気止め刺しで動く個体に針が刺さる時。力なんてほとんど必要なく、猪の動きが一瞬で止まる。その動く柔らかいものに刺さる小さな感触のあっけなさ。ドラ

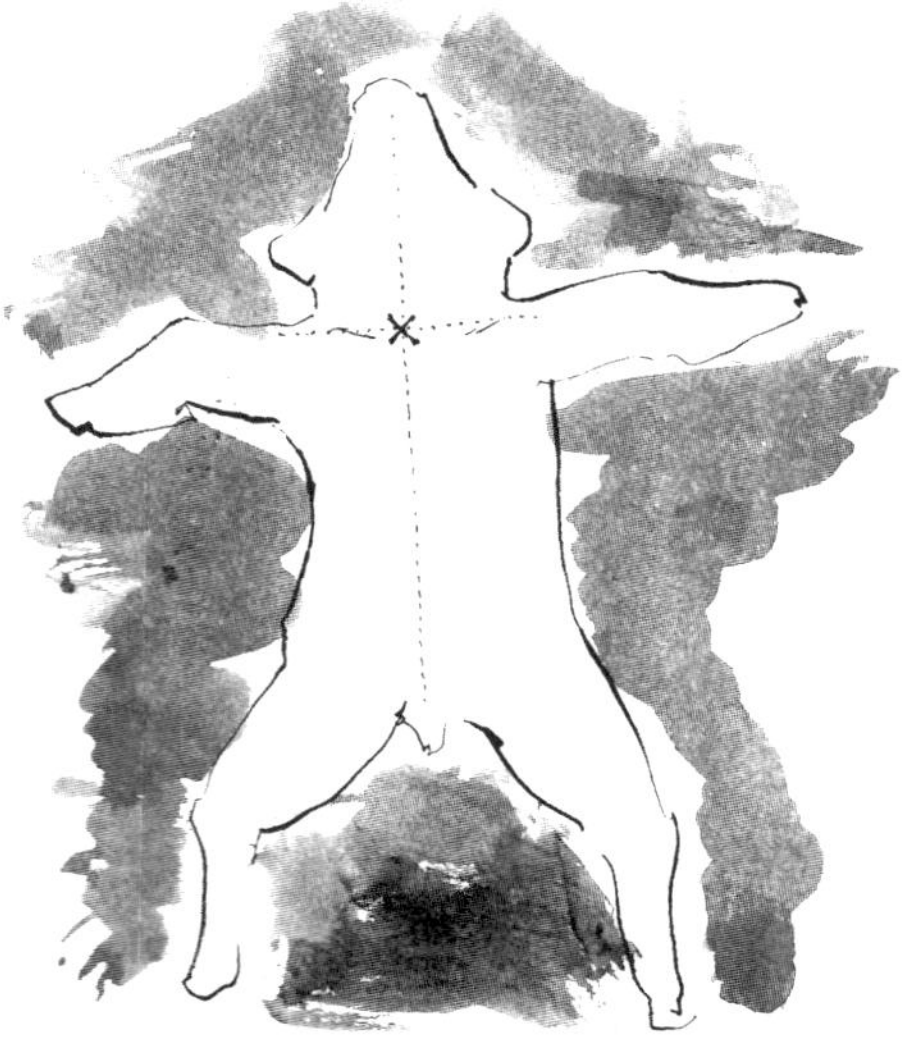

マチックでも何でもない現実に落胆した。そして小さな猪が生きて逃げようとしていたあの瞬間の「必死」の姿。その抵抗がいとも容易《たやす》くねじ伏せられ、穏やかに死を迎えて見えた視覚的ショック。これは猟銃の時には感じなかった。子どもの猪を五人で囲む構図も苦しかったのかもしれない。でも、この島だけでも年間三百頭くらいは駆除されているらしいので、人間側への苦痛を減らさなければ、その量の駆除なんてできないだろう。

首の放血は、急所の見極めと刺し具合に神経を使ったので、手の感覚の記憶があまりなかった。いつも通り、駆除報告の写真を撮り、内臓を出して解体練習。本当にこのタイミングでの練習は

勉強になった。スッキリした頭で集中して部位の記憶もできて、安心を取り戻した気がする。モモは一七〇キロ位あるかもしれないと名人に伝えると、とても心配された。そうだよね。そして、もし必要なら助っ人でかけつけるとまで言ってくれた。ありがたいなあ……。
何か大きなものに導かれるように、人にも、動物にも、自然にも、時間にも、助けられている。こういった連鎖を感じられるときは、わたしが今生きてやるべき行為の波に上手く乗れていると判断している。逆にやるべきでないことをやると、何も連鎖しない。

3月9日　火曜日　315日目

広島県とのやりとりが円滑に進んでいる。もう屠畜場への搬入を勧められることもなく、衛生面の設備指示のみ。床や壁の素材、作業器具など考えなければいけないことは山ほどあるけど、なんか、いい感じだ！

3月10日　水曜日　316日目

今日はしっかりモモと遊べたし、のんびり撮影も出来たなあ。渡り鳥の大群も目撃した。ぽかぽかあったかくて、変な形をしたモモのうんちを集めてたら一日が終わったよ。

3月11日　木曜日　317日目

草食の豚足系女子。雑草を追い求めて新規開拓を試みたのか、普段は興味を示さないグラウンドの野球ネットの裏側に侵入。そこに塞ぎそびれていた抜け道があったようで、あやうく近隣の民家の土地へモモが入ってしまいそうに。そのまま逃げてしまっちゃえば……と頭の隅に一瞬浮かんだ無責任な逃避を振り払う。モモは人に警戒心がないから、わたしの元を離れたら何をしでかすか。恐ろしい想像しかできない。

準備に厄介なハードルが何点も……うーむ。本日、予想よりはるかに早い突然の生理がきて驚いた。しかし、今回は腰もお腹もまったく痛くないんだな。いつもは一日中のたうちまわって、爆発して死にたいくらいなんだけど、なんで？　生理がないモモからの、ラストプレゼント？

3月12日　金曜日　318日目

モモニハマケル
一日ニクズ米四升ト
土ト多クノ野菜ヲタベ
アラユルコトニ
ジブンヲカンジョウニ入レヅツ
ヨクミキキシワカリ

ソシテワスレル
――というわけで、くず米追加発注です。

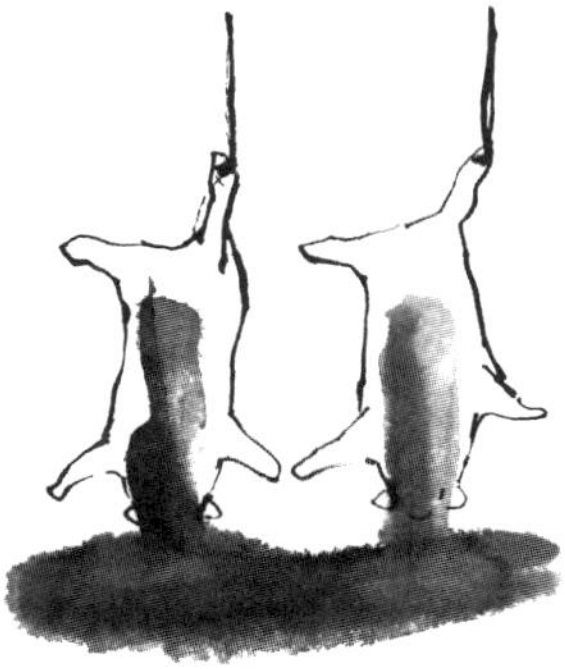

3月13日　土曜日　319日目

小屋の隅をものすごい深くまで掘っている。下手したら柵の根元から脱走されそうだ。もしかしてモモは小屋から逃げ出したいのかなあと観察していたけれど、地中深くの方に美味しい土があるようで、それを食べているだけみたい。

必要な備品をネットで注文し続ける。足りないものがありそうで常に不安。

3月14日　日曜日　320日目

モモが欠伸《あくび》する姿が本当に可愛い。

モモの最期を夢で見た。なぜかモモは三頭いて、わたしは淡々と二頭を捌くんだけれど、三頭目はなんだか可哀想になってしまい、この子とは一緒に生きていこうかな……なんて悩んでいたら目が覚めた。この夢に不快さはなく悪夢でもない。きっと今の自分の感覚がそのまま現れたんだと、寝起きながら冷静だった。おそらくどちらを選択しても正解ではないし、後悔する。人生って、そんなもんかなあ。

3月15日　月曜日　321日目

モモの火事場の馬鹿力に対する柵のテスト。

いつもは解放しているお尻側を単管パイプで塞いでみる。ご飯を食べ終えたモモは、いつものように後退《あとじさ》りして柵から出ようとする。お尻に何かが当たって出られないことに疑問の様子で、ぐいぐいと単管にお尻を押し付ける。後ろに行けないとわかると、今度は前に進んで単管を鼻ですくって持ち上げようとする。すると軽々と柵の前方が浮き上がる。そのまま顔から潜るように無理やり出てしまうのかと焦ったが、クレーンゲームのアームから商品がすべり落ちてしまうように鼻に引っかかった単管がつるりとおちて柵は地面に着地した。この形状でモモが柵から出ることはなさそうだけれど、持ち上げられないように足場と柵を固定する必要がありそうだ。

改善点が見えたところで、柵をバラして屠畜部屋に移動。再び組み上げて、モモの行動を予測しながら配置を考える。柵の周りには、懸吊《けんちょう》用のチェーンブロックを吊るす単管のフレームも組み立てた。かなり設備が整ってきた。あっという間に外は暗くなって、屠畜部屋だけが煌々と光る。

3月16日　火曜日　322日目

春の気温で雑草が茂り、伸びたての柔らかい草を夢中で頰張るモモは気分が良さそう。

今日はモモのくず米を取りに島外へ。車で乗り入れずに手押しで島に持ち帰る。三〇キロを二袋は、相変わらず重い。これを十日くらいで食べ切ってしまう。この一年で腕力がついたかもしれない。とりあえず三〇キロの米袋は持てるようになった。

自家用屠殺の設備資料が完成したので担当者に送付した。問題ないといいな……。

3月17日　水曜日　323日目

朝一番に、島の苺農家のハナダさんから電話。

「冷凍苺を間違って解凍してしまって、売れなくなっちゃったから、モモ食べないかな？」

「絶対食べます！（わたしも食べたい！）」

即答して、引き取りに。袋にパンパンに詰まった苺は、香りが実から大放出。芳醇な香りに包まれた車内に心が躍った。早速、朝ご飯としてモモにあげる。溶け出した甘い液をジュースのようにごくごく飲む。苺豚なんて贅沢だぞ！　お肉も甘くてジューシーになると期待。

夕方、広島県の担当職員から、明後日に現場確認に行くと電話があった。なんとかクリアしたい。

3月18日　木曜日　324日目

ひたすら屠畜部屋の掃除と片付けをして準備する。そして、モモが新しい場所でも柵に入ってご飯を食べてくれるか試してみた。最初は訝しい表情で、周りを嗅ぎまわり柵に入らなかった。何より床が少し滑りやすいことが嫌そうだった。床は目の粗いシートなどで養生するかな。

ご飯を柵の中に置くと不安そうながらも入って、ものすごい勢いで食べ始めた。これなら追加テストができそうだと判断し、半透明のシートを柵にフワリと被せてみる。モモはこれに対して、まったく反応なし。黙々とご飯を食べ続けて、時折顔をあげてこちらを見ているけれどシートは気にならないようだ。視界がぼやけることに恐怖はないのかもしれない。

3月19日　金曜日　325日目

広島県の職員が現場確認に来る日。早起きして、使用する道具や設備の確認。気持ちが落ち着かず、あまり眠れなかった。

この一、二ヶ月間は、調整と相談を繰り返す日々だった。モモを飼育する前から県へ問い合わせて、申請すれば自家用屠殺可能という回答から一転、屠畜場への搬入を強く勧められ、県庁に行き説明して、度重ねて電話して、屠畜場の業者にも電話して、オオクボ獣医師にも電話して、県にまた電話して……。先の見えないやりとりに疲弊するわたし。ますます身体が大きくなるモモ。大きくなるほど難易度が上がる屠畜。しかし、さらに一転して自家用屠殺ができることにな

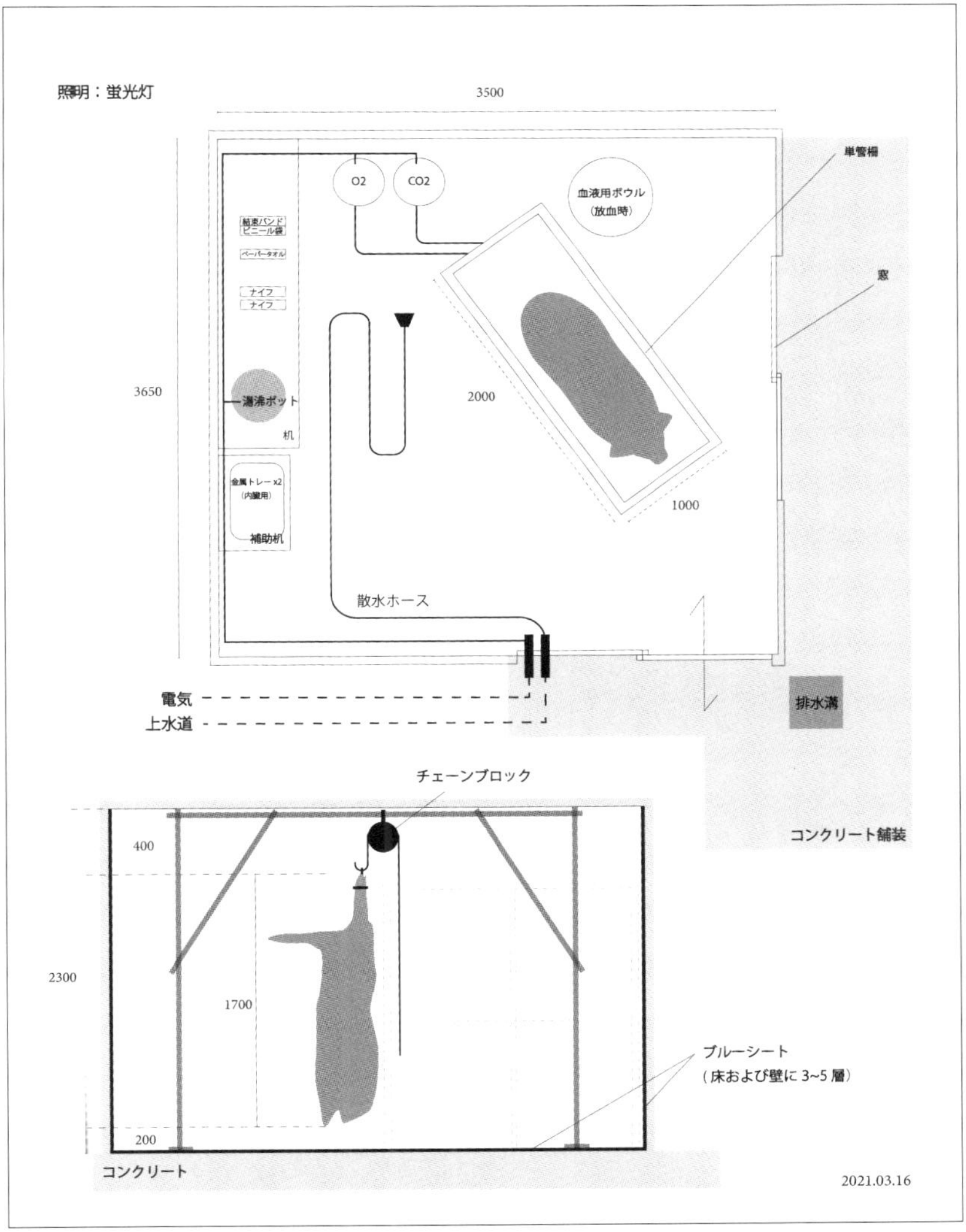
照明：蛍光灯
3500
3650
O2
CO2
血液用ボウル
（放血時）
単管柵
結束バンド
ビニール袋
ペーパータオル
ナイフ
ナイフ
窓
2000
湯沸ポット
机
金属トレー x2
（内臓用）
補助机
1000
散水ホース
電気
上水道
排水溝
チェーンブロック
コンクリート舗装
400
2300
1700
ブルーシート
（床および壁に 3~5 層）
200
コンクリート
2021.03.16

った。設備図面を提出して現地確認後に申請を受理します、と言ってくれた職員のことばを信じるしかない。

予定通りの時刻に広島県の担当職員がグラウンドを訪れた。いつも対応してくれる人だ。こんな面倒くさいことに巻き込んでしまって、本当に申し訳ない。穏やかな声色で「じゃあ見せてください」と言われ、部屋へ案内する。設備図面の通りに用意されているかを確認しつつ、屠畜のポイントなどアドバイスしてくれた。彼も豚の獣医師だった。「大変な作業になるけれど、くれぐれも気をつけてくださいね」と諭され、身が引き締まる。「残飯を食べる豚の方が脂は美味いらしい」そんな雑談を交わしつつ、手短ながら要点をついた現場確認は滞りなく終了。申請書を渡すと、自家用屠殺は大体十人程度で食すのが目安とのことで追加記入。「内部で正式に処理したら、来週月曜にメールで受理書を送りますね」と言われた。

ようやく、この日がきた。担当職員を見送り、モモの小屋を覗く。モモは暖かい日差しに照らされて、呑気に昼寝している。モモ、ついに決まっちゃったよ。

3月20日　土曜日　326日目

近頃よく寝るモモ。大きなお尻が、ご飯の容器にはまってしまっている。小屋の外では元気に遊んで草を食べ続けるけど、小屋の中ではずっと寝転がっている。気温も高くなってきたし、体力ないのかも？　ホースで水をかけると気持ち良さそうに横たわる。

様式第５号（第８条関係）

自家用とさつ届

2021年 3月 19日

広島県知事　　　　様

郵便番号　722-0061
届出者　住　所　尾道市百島町[redacted]
氏　名　八島　良子 [redacted]
1993年 2月 27日生

次のとおりと畜場法第13条第1項第1号の規定により届け出ます。

届出者職業	自営業(美術家)				
とさつ年月日及び時刻	2021年 3月 27日	午前（○）／午後	10時		
とさつ場所周囲の概要	離島。近隣に居住者なし。				
とさつしようとする獣畜	畜種	性別	年齢	生体量	特徴
	豚(LWD)	雌	1(365日令)	推定160 kg	特になし
食用に供しようとする範囲	自己および同居者、近しい間柄の者（10名程度）				
自己及び同居者以外の食用に供しようとする量	30kg				
血液及び汚物の処置方法	焼却、消石灰を散布				
獣畜の購入先及び年月日	日本畜産　2020年4月29日				

注　用紙の大きさは，日本産業規格A列4とする。

令和3年3月22日
届出済証
広島県

3月21日　日曜日　327日目

再び屠畜柵の中にモモが入るか、そして柵内の空間の酸素と二酸化炭素の濃度調整の実験をする。密閉用の分厚いビニールシートがガサガサと擦れる音が気になるのかモモは柵に入ってくれなくなったし、空間内の機密性を高めるのも難しい。素材を変えた方が良さそう。課題山積みで追い詰められる。合間でモモと遊ぶことにも必死になっているかも。

この変化にモモは気づいてるかな？

3月22日　月曜日　328日目

意地悪なわたしと怒るモモの闘い。食事中のモモにいたずらしてご飯容器を奪って逃げてみる。案の定、凄まじい殺気で追いかけられて、ほんの数秒で勝者はモモ。

本日も屠畜の実験。みんながいろいろとアイデアをくれて、そして手伝ってくれて、とても助かる。現実味がグッと増してきた。

3月23日　火曜日　329日目

突然グラウンドに現れた鏡に驚くモモ。鏡に自分が映った瞬間に方向を九十度変えられる反射神経の良さ。突然現れた動物の姿に怯えたのか、自分があまりにも大きくなってることに驚いた

のか。でも、すぐに落ち着きを取り戻して鏡を鼻でつついて確認して、この鏡の前に置いたご飯をもくもくと食べ始めた。鏡の先にいるのが敵ではなく自分だとわかったのかも。

密閉用の素材は伸縮性のあるビニールラップに変更した。最後の景色がようやく固まってきた。薄いラップの膜を重ねて張った柵の中に、モモの大好きなポテチを持ったわたしが先に入って「おいで」と声をかけると、吸い寄せられるようにポテチに食らいついて、もっとくれと近づいてくるけど、ふと我に返ったように後退りして逃げ出してしまう。困ったなーーーー。

3月24日　水曜日　330日目

朝からモモを撮影。昨日設置した鏡の前で遊んでいると、モモが鏡の前に腰を下ろして休憩し始める。そして、まるで鏡に映る自分に寄り添うように体重をかけ始め、このお尻の圧力で鏡が割れてしまった。短い命だった。モモが怪我すると思い、急いで破片を拾い集める。でも、地面に散らばった鏡に興味を示したモモが鼻を擦り付けてしまう。鼻先に切り傷を負い、慌てふためくわたしと、切り傷をまったく気に留めないモモ。鼻には痛覚がないんだろうか。

そして今日も、ビニールを取り付けた屠畜の柵にモモが入りたがらない。ご飯を置いても怪訝な顔をして、周囲をグルグルと歩き回るばかり。警戒心が頂点に達しているような素振り。敏感な心を鈍感な身体で守っているのね。どうしよう……。難題すぎて胃が痛い。

3月25日　木曜日　331日目

暑くなってきたのか、日陰を見つけては休憩するモモ。常に極厚ダウンを着ているようなもんだよね。これで夏を迎えてしまったら、それこそ過酷で苦しみそうだ。

スケジュールを立てていると緊張と不安で吐きそう。寝起きは動悸がする。何かしていないと落ち着かない。一日中準備に奔走して、モモとも遊んで、屠畜のテストもして（これがうまくいって、かなり不安が減った）、夜は泥のように眠る……ことができなくて、考えが駆け巡って頭が痛いし、胃が締め付けられるようだし、あまり寝られなかった。

そういえば、自家用屠殺の受理書が届いていた！　いよいよ公式になった。

3月26日　金曜日　332日目

最後の最後になって、ようやくモモとつながっている気がする。

令和３年３月23日

八島良子様

広島県健康福祉局食品生活衛生課長
（〒730-8511 広島市中区基町10-52）
（公印省略）

自家用とさつについて

令和３年３月19日に「と畜場法」第13条第１項第１号の規定によるこのことについて届出及び，獣医師の発行する健康診断書を受理いたしました。

ついては，届出（写し）を返却いたしますので，と畜解体作業にあたっては，当該写しを必ず携帯し，添付の「と畜解体時の衛生管理について」に留意して実施してください。

乳肉水産・動物愛護グループ
電話：082-513-3103
（担当者：[redacted]）

3月27日　土曜日　333日目

ラストモモ。そして、モモの誕生日。

ほとんど眠れず朝を迎えてしまい、重たい身体をリセットするためシャワーを浴びた時には涙が止まらなかった。しかし、さすがにもう現場では泣けないだろうと気を引き締める。春の日差しに照らされて爆睡するモモに、いつも通り「おはよう！」と挨拶した。

この後のすべてが筆舌に尽くし難い経験で、何も整理が出来ていない。思い描いていたすべてが達成されたことは確かで、モモが信じられないほどスムーズに屠畜の柵に入ってくれた事が強く印象に残る。これまでビニールを張った柵の奥にあるご飯にはほとんど釣られず、入ってもすぐに出たがった。本番でモモが柵に入らなかった場合、わたしは無理をしてまでモモの屠畜はできず、モモが自然に死ぬまでずっと一緒にいる情景がぼんやりと頭に浮かんでいた。

ところが、この日は柵へ入った。本当にいまでも信じられないほど、暴れず嫌がらず、当然のように柵の中へと導かれて、置かれた少量のご飯を夢中で食べていた。

……もう、これ以上は書けない。ここまでくると、ＳＮＳは少し軽すぎる。やはり、いまは簡単に言葉ではまとめられない。

すべてわたし自身の手で行なったのに、日常からモモがいきなり消えてしまったような感覚で、モモのご飯の準備をしなくていいことが不思議で、モモのお肉を食べても、それがモモだとは思

えなくて。ひたすら極上で美味しいんだけれど、肉とモモは一致しなかった。ただ、後悔はしていない。何を選択しても最後には後悔する気がしていた。けれど、いまは本当に後悔がない。それほどにモモは豊かで稀有な時間をわたしに与えてくれて、また周りのおかげですべてが成立したからだろう。

この日は気絶するように眠ってしまった。

3月28日　日曜日

朝寝坊した。九時集合予定の十分前に目覚めて、慌てて支度をした。

降水確率一〇〇パーセントが的中して雨が降り注ぐ本日は、モモの精肉。午前十時スタートで、終わったのは夜の十二時だった。それでも前足二本と後ろ足一本が残ってしまった。

肉体が精神の容れ物だと、いまは本当によくわかる。一人で後始末をした帰り道、夜桜を眺めながら、モモはどこへいってしまったんだろうかと空を見上げた。何かを探すときは下を見るけど、見つからないとわかっていると上を見るのかもしれない。

III 自家用屠殺

2021年3月27日

準備を終えて帰宅した深夜一時。少しでも眠りたいと目を閉じる。しかし、当日の工程が脳内を駆け巡り、まったく眠れない。

私はモモを屠畜する方法として、酸素と二酸化炭素を三：七から四：六にした混合気体による意識消失を選んだ。これは低酸素血症による息苦しさが少なく、欧州で子豚の去勢時の麻酔として使用されている事例を元にした。

通常の屠畜では、「電気スタニング」と呼ばれる高圧の電気ショックによる瞬間的な失神、または八〇～九〇％程度の高濃度の二酸化炭素の空間に入れて失神させる「ガススタニング」を行なった後、首の主要血管を刺して放血させる「止《と》め刺《さ》し」を行なう。この二種類の方法のいずれかをベースにしようと計画を練り始めたけれど、私が屠畜の初心者であるうえに、個人が準備できる環境にも限界があった。

「電気スタニング」は、三五〇ボルト前後の出力を持つ高圧の電殺器を使用しなければ、モモに瞬間的な失神をもたらすことは出来ず、必要以上の苦痛を与えてしまう。しかも、私には高圧電流を取り扱った経験もなく、電殺機も一般に販売されているものではない。また、モモの強い抵抗によって人間に電気ショックが当たってしまう可能性もあり、協力者の安全を確実に担保できないことから、非現実的だった。この電気スタニングを個人レベルに引き下げたものが猪の狩猟や駆除に使用される低出力の二本槍の電気止め刺し機だったが、こうした一般で入手できる器具は長時間の通電が主で、動物には非常に強い痛みと苦しみを与える。フジワラ師匠の猪の駆除に立ち会った時に見た、通電した瞬間にきゅっと目を閉じて身を固くする猪の姿は、安らかに死を迎えているように感じられた。しかしその視覚的な安心感とは裏腹に大きな苦痛を与えていたなんて、想像もできなかった。モモの屠畜計画と向き合うたび、現実と折り合いをつけるにはどうすればいいのか、わからなかった。

「ガススタニング」は、二酸化炭素濃度を九〇％前後に高めた空間の用意が困難で、中でも最大の難問は、高濃度の炭酸ガス空間に短時間でモモを入れる状況をつくれないことだった。従来の屠畜場は、半地下で観覧車が回転するような構造で、地上階で豚を載せたゴンドラが降下し、地下の底部に充満した高濃度炭酸ガス層へ浸かった豚が、三十秒から六十秒間かけて失神したのち地上に戻ってくる。ここまでしなければ、豚が窒息感の強い高濃度の炭酸ガス空間へ入るはずがない。そしてもちろん、このような大掛かりな設備を私は用意できない。

　動物学者のテンプル・グランディンは、二酸化炭素濃度が九〇%以上あれば豚に瞬間的な意識消失を与えられるため、強いストレスや苦しみはないと言う。そして、この際に豚が暴れるのは失神の条件反射であるとも分析している。しかし、炭酸ガスが充満したゴンドラ内で豚が暴れる数十秒間の映像が動物愛護や動物福祉《アニマルウエルフエア》を推進する人々に衝撃を与えるように、動物の苦しむ姿が人間へ与える影響は無視できない。

　眉間への殴打も同様だった。動物にとって、最小限のストレスと恐怖で済むが、視覚的に残酷だ。精神衛生上よろしくない。一発でモモを失神させるほどのテクニックと腕力は一朝一夕に得られるものでもないし、屠畜前に豚を強制的に移動させる「追い込み」や「保定（拘束）」も難しい。電気の流れる棒を使うなんて論外だし、板やパドルで視界や方向を制限、もしくはワイヤー式の豚の簡易保定器具（輪を口角部分に引っ掛けて鼻先を制御するもの）など、モモが嫌がることは絶対にしたくなかった。最後まで、モモには快適に過ごして欲しい。

　だからこそ、恐怖やストレスを感じることなくモモを屠畜の現場へ移動させるには、日常の延長にその場がなくてはならない。モモは初めて訪れる場所は必ず警戒するし、車に乗せた日にはうんちとおしっこ大放出で大パニックだ。小さい頃から車には何度か乗せてみたけれど落ち着いた様子を見せることはなかったし、屠畜場行きのトラックに乗ったモモの兄妹たちを見た時も、それが快適とは程遠いことを感じていた。それが、なにより屠畜場へ連れて行きたくない理由だった。そうして、もう安楽死を前提とした自身の手による屠畜は無理なのだろうかと、オオクボ獣医師にバルビツール酸誘導体という中枢神経を抑制する作用が得られる麻酔注射を使用できないかと相談したが、薬を投与した肉は食してはいけないらしい。人間が肉を食べる行為も重要だったので、食べられない屠畜は選択肢になかった。

モモの屠畜方法は、私自身が死ぬ場合を想像して探した。屠畜されるモモが受ける苦痛や恐怖は、すべて私が体験することのように考えていた。それがモモを百島に連れてきた私の責任だと思ったし、モモとの距離を縮めた最大の理由でもあった。自分とモモを常に比較して生活していくと、相違点よりも共通点を探し始める。水と油を乳化させたくなってくる。人間と身体の構造が近い豚だからこそ、そうした境界を越えられる可能性があるとも考えていた。

そんな私の精神が壊れてしまうのではと心配したパプアニューギニアの恩人のデカさんは、モモの屠畜を「子殺し」にたとえて引き止めた。擬人化が御法度《ごはっと》とされる家畜の世界で、モモと名づけ我が子のように育てた私に対する、一番残酷なことばだった。なぜ、私は大切な存在の死を引き寄せているのか。なぜ、こんなに辛いことをしなければいけないのか。モモの幸せに思いを巡らせ、モモを理解したいと強く願うほど、それが苦痛でたまらなかった。

ずっとモモと一緒にいる選択肢は、常に頭の中にあった。オオクボ獣医師が欧州の事例を教えてくれ、モモが小さな空間に入った状態で酸素と二酸化炭素濃度を徐々に上げていく方法が現実的だと判断した時だって、なぜ私が必死に調べてモモを屠畜しようとしているのか、わからなかった。

——もう、朝が来る。ほとんど寝た気がしない。

未明のうす暗がりの中で目を開き、鳴る前の目覚まし時計を止める。のそりと起き上がり、硬くなった身体を伸ばしながらシャワーを浴びにいく。冷たい床につま先で立ち、シャワーの熱いお湯が顔にかかると、声を出して泣いた。私の意思でモモの一生を決めてしまう事実は、小さな石がどんどん大きくなって私をすり潰していくようだった。理由なんて、追求すればするほど、わからない。それでも、私はモモを迎えた日から、この日を待っていた。いっそ辞めてしまえば楽なのに、なぜか待ちわびていた。この屠畜の先にあるものが知りたい。だから本番では、関わってくれる人たちのためにも泣いちゃいけない。そう覚悟すると、声も涙も熱いお湯に流されて止まった。

朝六時。モモが眠る小屋を覗く。

ぐっすりと寝ているモモは、まだ私の気配に気づかない。いつも通り「おはよう！」と声をかけた。モモはその声にも無反応で、眠り続けている。

今日はモモの誕生日だった。屠畜がひと月ほど延期になったことで同日となってしまったモモの生と死。この奇遇に天命を感じつつも、「おめでとう」と祝福の言葉を口にはできなかった。
そそくさと小屋から退散して、自家用屠殺の最終確認を協力者たちと進める。屠畜と解体、洗浄や保存をフォローしてくれるのは五名、昼食や休憩のサポートが四名、撮影に二名、加えて屠畜場の検査員経験もあるオオクボ獣医師と解体指導でフジワラ師匠と因島猟友会のサポート一名にも立ち会ってもらう。周囲のお陰で、私の肩の荷は随分と軽くなった。
それでも残る大きな不安は一つ。混合ガスを注入するために用意した空間にモモが入らなかった場合の、自家用屠殺の中止だった。約一週間前から屠畜に使用する部屋でモモに食事を出しており、ここをモモが食事の場と認識することで、当日も率先して自ら入ってくれるかもしれないという淡い期待に頼る作戦だった。最後はモモの行動に委ねる形で計画した屠畜。もし、モモが本当に嫌がったら、私はモモが自然に死ぬまで共に暮らすのだ。

屠畜部屋に朝日が差し込む。心配していた天気は味方してくれた。気温は十三度。例年より随分と温かいけれど、息を深く吸い込むとひんやり冷たい空気が気道を通り抜け、肌寒さに身が引き締まった。グラウンドには桜が咲き始め、地面には青々とした草の芽が見える。季節は冬を過ぎて春になっていた。白く輝く太陽が眩《まぶ》しい。

ご飯の時間だとブウブウ鳴くモモ。時刻は八時半。協力者たちの待機を確認して、スタートを合図するように小屋の入り口を開けた。

待ってました！　と言わんばかりに、勢いよく飛び出すモモ。しかし、テリトリーであるグラウンドの人の多さに気づき、すぐに立ち止まってキョロキョロとあたりを見回す。そして私の隣に立つオオクボ獣医師を不審者だと捉えたのか、猛突進して鼻を振り上げた。オオクボ獣医師は慣れた様子で巨体の突き上げをヒラリとかわしつつモモの様子を見ていたが、「雄みたいに凶暴だ！」と言われてしまうほど、モモは激しく追いかけ続ける。慌てた私は怒っているモモを追いかけ、短い尻尾を摑んで静止させ、ゴシゴシとお腹を撫でた。荒々しい呼吸で鼻から息を吐き、ギラリとした視線をオオクボ獣医師へ送り続けるモモ。この強い興奮を諫《いさ》めるため、私は最終手段の、食事が入った容器を手にとる。それをモモの鼻に近づけると、瞬く間に興味が移ったようで、よだれを垂らしながら私を追いかけてきた。

モモの最後の食事は、圧力鍋で柔らかく煮込んだ鶏足《けいそく》に醤油と味醂を染みこませた甘辛煮。モモが骨まで食べてしまうほど好きな鶏肉と、必ず完食する味付け。これは、私なら死ぬ前には好きなものを食べたいという願望から決めた。

本来、屠畜する豚は前日からの絶食が基本とされている。これは二酸化炭素による麻酔下で嘔吐した場合の誤嚥《ごえん》の可能性、内臓の内容物による汚染のリスクを減らすためだ。もれなくモモも前夜から絶食させることを勧められていたが、今回は食事で屠畜場所まで誘導する必要もあり、最小限を与え続けていた。

毎日走ったグラウンドを、これが最後なのだと思い走った。私の持つ鶏肉を目指して必死に追いかけてくるモモ。しかし、自身の重たい身体に疲れるのか、ゼイゼイと苦しそうに息を吸い、諦めたように立ち止まり、視線を地面へと移して足元の草を食《は》んだ。たった一年で私の四倍近く大きくなってしまったモモは、その巨体に耐えかねているのかもしれない。最近では、春の日差しですら暑いといった様子で日陰に入り、休む姿もよく見かけていた。こうした体力の限界もあるのか、いつものように落ち着いてきたモモは、習慣だった排便と排尿も済ませる。水道のホースをのばし、性器まわりを洗い、モモにも水を飲ませる。

もう、今しかない。

「いきます!」

静かな島に、自分の声だけが響いた。

私は鶏足の甘辛煮を入れた容器を持ち、屠畜する部屋へ向かって歩き始める。すると、思いがけない速さでモモがついてきた。どうやら目論見通り、ご飯を食べる場所として認識してくれている。私を追い越して先に屠畜部屋へ入ってしまいそうな勢いだ。焦った私は早足で坂を登った。そして階段の先にある部屋の前に立つ。すぐさま駆け上がり追いつくモモ。ご飯はどこだと、鼻を持ち上げて嗅ぎ回る。およそ三・五メートル四方の部屋の中心には、小さなビニールハウスが一つ。モモの身体より一周り大きいガス注入用の小空間。単管パイプで組んだ柵を半透明のビニールラップが包み、視界の広さと外光を十分に取り込めるよう配慮した。中の灰の金属素材には、真っ白な毛布と綿のシーツを敷いた。まるで透明な棺桶。私は部屋を半周し、このビニールハウスの入口に回り込む。腰にピタリとついてくるモモの動きを横目に這いつくばって、柵の奥に鶏足の入った容器を置いた。すかさず空間から身を抜き、同じ目線の高さにあるモモの顔を見る。モモは、早くそこを退《ど》けと言わんばかりに鼻を上下に振る。私は慌てて立ち上がり、入口を譲った。モモは一切臆することなく鶏足を追いかけ、柵の中へ吸い込まれていく。そして容器へ辿り着くと、一目散に食べ始めた。私はモモがビニールハウスの奥まで入ったことを確認して、部屋の隅に待機していたキムラさんと単管パイプで入口を塞ぐ。耳障りな、金属同士がぶつかる音。こうした音がモモの食事に対する集中力を削ぐのではないかと神経がすり減る。しかし、そんな杞憂《きゆう》をかき消すように、モモは夢中で鶏足を食べ続けている。

「モモ、入りました！」

大きく息を吸って叫んだ。

白い衛生服を着た人々が小さな部屋に集まってくる。各自が配置につき、弁として設けた穴に酸素と二酸化炭素の濃度計がついた吸引器を入れる。視界の端に下がってきた異物を目にしても、まだモモは反応しない。全員の準備を確認して、ガスボンベの隣に立つ。

「いきます」

私はガスの元栓を開けた。

そしてバルブを回すと、シューッと音を立ててガスが噴き出す。この音に驚いたのか、モモは

「ブブッ」と鳴いたけれど、すぐに気を取り直して食事を続ける。ガスを出し続けて問題ないと判断し、ボンベの側を離れてモモがよく見える真横の位置に屈んで食事の様子を見守る。ものすごい速さで鶏足をボリボリと噛み砕き飲み込んでいく姿に、もう少しゆっくり食べてくれと念を送った。そんな願いも虚しく、素早くきっちりと器についたタレまで舐め終えたモモは、柵やビニールの存在を確認するように、鼻をぐいぐいと押し付け始める。これはまだ抵抗とは異なる、違和感への興味に見えた。

「二酸化炭素二五%、酸素一〇%……二酸化炭素二八%、酸素一一%……」

濃度の変動を読み上げるニシオくんの淡々とした声。そして「ピーピーピーピー」と耳障りな警告音がガスの濃度計から鳴り始める。

そうした音をかき消す唸り声が部屋に響いた。聞き慣れない、警戒して威嚇するような大きい声。動揺した私は、なだめるように声をかけた。

「モモ、大丈夫、大丈夫だからね」

こんな言葉が通用するはずないことくらい、わかっている。モモは、息を荒げて柵を鼻先で持ち上げようとした。それを想定して作った柵は、びくともしない。

「モモ、ありがとう。大丈夫、怖くないよ」

柵の強度を気にしながら、慰めを口にする自分が嫌になる。前方の単管パイプに触るのをやめたモモは、引き下がって後ろ側の単管にお尻をずりずりと押し付けた。

「モモ、モモ、モモ」

ビニールの壁に手をへばりつけて名前を呼び続けた。この声に反応して、モモが私の方を向いて鼻先をビニールに擦り付けてくる。次の瞬間、モモはお尻を付けていた後ろ側の単管パイプを蹴る素振りをした。

「アア！」

柵の前方にいた誰かが、悲鳴にも似た甲高い声で叫んだ。

その声に引っ張られて立ち上がり、柵の前方へ回ると、ビニールラップを突き破ったモモの鼻先が柵から飛び出していた。

終わった――――

ぷつりと切れた思考回路。白飛びする視界。耳鳴りがして、無意識に動いた自分の手は、モモの鼻の頭を撫でていた。

「…………ラップ？」

そう呟いた誰かの声が耳に入ってくる。

目の前の光景が再び視界に現れて、同時に、手に収まっていたモモの鼻がすっとビニールの奥へと引っ込んだ。

「……ラップ！　ラップください！」

　見境なく叫んだ。そして手渡された梱包用のラップを何層にも重ねて炭酸ガスが漏れないよう塞いでいく。穴の奥に見えるモモは少し落ち着いていて、再度こちらへ向かってくる気配はない。穴を塞ぎ終え、もう一度モモの真横に移動して反応を見る。モモは自分の身体のふらつきが気に入らなさそうに、後ろ側の単管パイプにお尻をもたせかけていた。朦朧としながら大きな鼻で繰り返す深呼吸には、しゃっくりが混ざってきている。そして、立つ気力が失せたとばかりに腰を落とし、手足を伸ばしてうつ伏せになった。ぐったりと眠そうに脱力している。そのまま、しゃっくりを数分繰り返すと、徐々に呼吸が小さくなっていった。

「もう少し様子を見て、失神を確認しましょう」

　オオクボ獣医師から指示が出た。

　モモの口に手を入れて舌を触り、動かなければ深く意識を失った証拠になる。一旦ガスの注入をやめて、息を止めながら、柵のビニールの中腹に握りこぶし大の穴を開けた。高濃度の二酸化炭素への恐怖と焦りから早鐘《はやがね》を打つ心臓。柵の中に手を入れ、触覚だけを頼りにモモの口元を探していく。頭の重みで固く閉ざした口の隙間に指を差し込むと、触り慣れた上顎のつるりとした感触。そして指先に当たった肉厚なモモの舌がブルッと動いた。……まだ十分な失神ではないようだ。急いで手を抜き、穴を塞いでガスの注入を再開する。息を止めて頭に血が昇ったのか、立ちくらみがした。酸素と二酸化炭素の濃度計の警告音が室内に響き渡る中、半透明のビニール越しにモモを見つめる時間はとても長く感じる。現場では泣かないと決めていたけれど、どうしても涙が出た。数十秒待ち、再度モモの口に手を入れる。もう舌は動かなかった。

「いつでも次に進んでいいですよ」

オオクボ獣医師が私に声をかけた。

「……通常に比べて、苦しんでいなかったですよ。普通はもっと暴れますから」

その言葉は、私を労《ねぎら》ってくれたのかもしれない。

完全な失神を確認したところで「止め刺し」する。

屠畜部屋から全員出てもらい、窓を全開にしてサーキュレーターで室内を換気しながら、私は息を止めて柵のビニールを切り開いた。すぐさま部屋から逃げて数分ほど置き、室内の空気が入れ替わったところで柵内の二酸化炭素の濃度計の数値を見る。三パーセントまで下がったことを確認してビニールをすべて剝くと、失神して脱力したモモが横たわっていた。急いで前面の単管パイプを固定する留め具を外す。そして、うつ伏せのモモの前足を二人がかりで手前に引っ張る。しかし、想定を上回る重量で、さらに男性三人を加えて柵から引きずり出そうとするも、肉体の柔らかな弾性が力を吸収してしまう。想像よりはるかに手間取る作業に、モモの失神が解けてしまうのではないかと気が逸《はや》った。なんとか柵から上半身を引っ張り出したが、今度は仰向けにできない。どうにも重すぎると察したフジワラ師匠が、「このままいけ！」と叫ぶ。その言葉に従い、横向きの状態のモモの首を狙う。豊満な顎肉が片側に偏って地面へと垂れ下がり、頸部の血管の位置が全くわからない。これまで練習してきた猪とはまったくの別物で、頭が真っ白になる。

「きっと、ここだ！」

手を止め硬直した私を見て、フジワラ師匠が指を差す。

私は息を呑んで、ナイフの尖端《せんたん》をその場所に置き、突き刺した。弾力のある肌に刃が吸い込まれる感覚が、手のひらに伝わってくる。だが、血は出ない。太い血管に当たれば、すぐに血は噴き出すはず。刺しが甘かったのだろうか。ナイフを握りしめ、より深く刃を押しきって抜いた。しかし、そこにも血の気配はない。先の見えない黒い穴が首元に開いただけだった。私の血の気も引いてくる。

「もっと深く、スライドさせるように刺してみろ！」

フジワラ師匠の声が鼓膜に刺さる。その声を頼りにグッと力を入れて刃を進めると、当初より五センチほど逸《そ》れた場所から、トロトロと赤黒い血が流れ始めた。

この時、おそらくモモは死んだ。


安堵の空気が流れる。誰もが不安だったに違いない。しかし、ゆっくり休んでもいられない。ここから矢継ぎ早にすべき作業が押し寄せる。まず、十分に放血させるため、モモを懸吊《けんちょう》する。モモの片足の腱にナイフで切り込みを入れてS字フックをかけ、天井から垂らしたチェーンブロックと繋いで引っ張り上げる。ものすごい重量で、ハンドチェーンに体重をかけなければ男性でも持ち上がらない。ここで問題が発生。予想以上にモモの身体が大きく、吊り上げても頭が地面から離れず、完全な懸吊にならない。仕方がないので、体重を測るための吊秤《つりばかり》を取り外して再度懸吊する。今度は、足にかけたS字フックが外れてしまった。作業の遅延で血が抜けないことを恐れ、気が動転する。そうした私の動揺を周りの冷静なサポートが振り払い、吊り金具とロープで足を固定して再挑戦。なんとかモモは吊り上がった。首から流れる血が床に敷いていた白い毛布とシーツを染める。自分の重みで伸びきったモモは、私の身長はおろか、優に一八〇センチは超えていた。

懸吊が安定したところで、モモの身体をシャワーでしっかりと洗浄し、血抜きと内臓を出す作業を進める。張りのあるお腹を尻側から慎重に切り開いていくと、半透明の薄い膜の中から、むわっと温かい蒸気と、はち切れんばかりの内臓たちが顔を出した。巨大な小腸と大腸が所狭しと詰まっている。そのまま首元まで皮を開き進めていくと、腎臓、胃腸、そして人間の倍はありそうな巨大な肝臓と肺、それに守られていた拳大の心臓が現れた。私の「止め刺し」は、その小さな心臓の上部に刃を入れてしまっていた。放血のポンプとなる心臓を最初に止めてしまったのかもしれない。血抜きがうまく出来ていないのではと不安になる。直腸と喉を結束バンドで縛り、肛門まわりを袋がけして、注意を払いながらひと続きになった臓器を引っ張り出す。しかし、身体と内臓はなかなか離れない。ゴム手袋をつけた手が血で滑り、ぐちゃぐちゃだ。屠畜場で容易《たやす》く見えた行為のすべてに時間がかかる。三月とはいえ、日中の気温はそこまで低くない。肉の保存を考えると急がなければならなかった。一気に体重をかけながら、内臓の重さを利用して手前に引き下ろしていくと、繋ぎ止めていた繊維がぶちぶちと切れていき、もう重力に抗えないと悟ったようにまとめてボロリと取れた。用意していた大きな白い容器に広がる内臓は、窓から差し込む日の光に照らされた赤が輝き、美しい。ただ、のんびり眺めてもいられないので洗浄チームに引き渡す。空っぽになった胴体は、氷を詰めて冷やすことにした。

次は頭を取る。床に膝をついて屈み、地面すれすれに吊り下がったモモの顔に触れる。首周りの分厚い脂肪で、頭と体をつなぐ関節の位置がわからない。引き続き、オオクボ獣医師とフジワラ師匠にアドバイスをもらいながら進める。喉元から刃を入れていくと、脂肪は面白いようにサクサクと切れる。ただ、脂がぬるぬると刃にまとわりつき、徐々に切れなくなってくるので、殺菌もかねて用意していた熱湯に浸し、繰り返し脂を落としながら作業を進めていく。人の二、三倍はある巨大な頭は、取るだけでも一大事だった。関節にうまく入れば、そこまでの力もなく切り外せるはずが、ガリッと骨に刃先が当たるばかりで手応えがない。手首には不要な力が入り、ナイフの柄が手のひらに食い込む。力んだ腕が震え始めたところで、運良く刃が入ったのか、刃先を回転させるように動かすと骨同士が離れ、首がドスンと桶に落ちた。血まみれだったけれど、私のよく知るモモの顔だった。

「内臓や舌を見る限り豚丹毒や豚コレラのような感染症には罹《かか》ってなさそうですね。しかし、胃や腸が炎症している。もし育て続けて悪化した場合、胃潰瘍になって死ぬ可能性がありました。実際の原因は特定できないですが、土壌などあらゆるものを口にしたことが原因かもしれない」

オオクボ獣医師は、内臓や舌の状態などを確認しながら、落ち着いた声色で告げた。

息が止まりそうだった。ひと月半前にモモを診てもらった時は、外見や食欲、排便具合も良好で全く問題はなさそうだと言われたのに。実のところ、モモは腹痛で苦しんでいたのだろうか。休憩や睡眠時間が増えていたのは、暑さや体重に参っていたのではなく、体調が悪かったのだとしたら……私はモモの何を見ていたんだろう。嫌な憶測に蝕《むしば》まれ、モモを慰めるように鼻や顔を撫でる。ついつい泣きたくなる気持ちを堪《こら》え、モモの顔を洗浄班へ渡した。

次は胴体の皮を剝ぐ。私一人の手作業による剝皮《はくひ》では日が暮れるので、フジワラ師匠と手分けして進めることにした。猪の剝皮の場合は、脂を肉に残すため刃を滑らせる角度を常に気にしたが、脂肪が多すぎるモモは、その点では臆することなく刃を進めていける。モモの肉が気温で傷まないことだけを願い、なるべく早くと手を動かしていった。

素早く手慣れたフジワラ師匠の剝いた部分と比較すると、刃の跡が大きく残り、勢い余って開いてしまった穴が目立つ。粗削りな作業で申し訳ないとモモに懺悔しつつ、剝いた皮も洗浄班に渡す。剝皮が終わった胴体は、光沢感のある脂で包まれた乳白色の物体。それでも、身体のボリュームから「モモ」を感じられる。この段階から「モモは大きかったなあ」と、周囲と雑談ができるほどの余裕が出てきた。

いよいよ、背割りに入る。

懸吊したモモが動かないよう二人がかりで胴を固定してもらい、電動ノコギリで背骨を二つに割っていく。そもそも重たい工具を振り上げて行なう背割りは、非力な私の腕が千切れそうなほど辛い作業だった。昇降台に登ってもモモが長すぎて体重をかけられないし、慣れないモーターの振動に身体を内側からくすぐられて力が抜ける。その感覚を押しつぶすように全力で電動ノコギリのグリップを握り、人差し指にかかるトリガースイッチを押し込み続ける。しかし、うまく刃を垂直に下ろすことができず、左右アンバランスな分割になってしまった。肩まわりの骨なんてほぼ右側についている。目の前にぶら下がる二つの肉の塊を見て、二年ほど前の屠畜場の見学を思い出した。素早い流れ作業でみるみると形を変えていく豚たちは、背割り工程を経ると「枝肉」と呼ばれる。モモも例によって例の如しで、この段階で「肉」になった。

部屋の床のビニールを一層取り払い、清掃して作業台を設置し、枝肉を片方ずつ乗せて手足を取っていく。これも関節を狙って刃を差し込めば楽だと何度も教わっていたはずなのに、相変わらず下手でかなり手間取る。四本すべてを取り終えた頃には、午後一時をすぎていた。既に準備から六時間以上が経っている。慌てて、協力者たちに昼食をとってもらった。

周囲が休憩している間に、洗浄が終わった内臓をオオクボ獣医師と再確認。ガスタニングのため肺が鬱血気味であること、生後一年のモモの子宮は成熟しており出産可能な状態であったこと、さらに食肉用の豚では見たことがないほど子袋が大きいこと、やはり胃と腸の炎症が激しいこと——そして、これらの内臓は人体に有害な可能性があるため、廃棄しなければならないこと。もとより今回の自家用屠殺では内臓を食してはならないと行政指示が出されており、それを承知の上で選んだ道。それでも、モモの内臓が不良で食せない現実は悔しかった。その一方で、もしも、屠畜場でモモが処理されたとしても私は全てを受け取ることができなかったんだと思い、やはり自家用屠殺にして良かったんだと心の中で自分の選択を讃えた。

各自が昼の休憩をとる中、私はまだ食欲がなく、休む気分にもなれず、引き続き解体を進めることにした。

洗浄してもらったモモの頭を作業台の上に置く。モモの顔を見ると、やっぱり涙が出た。血を綺麗に流してもらった死に顔は、美しく安らかで、生きているようだった。上がった口角の微笑、下向きに長く伸びた白いまつ毛。どうにも死んだ気がしないとは、こういうことか。動かない、ただそれだけではモモの死を感じられなかった。まだ死後硬直していない顔の手触りは、いつもと何も変わらない。すでに、モモが懐かしい。このまま、ずっとモモのそばにいたい。でも、時間はそこまで残されていない。私はモモの大きな耳を掴み、頭を固定して、首元から皮に刃を入れた。

大きな顔を半分ほど剝き終えたところで、突然身体の力が抜け、立っていられないほどの疲労感に襲われる。そういえば、朝から水すら飲んでいなかった。部屋からフラフラと脱け出して階段に座り込み、用意してもらった昼食を勢いよく口に放り込む。このままずっと休んでいたい。しかし、時刻は午後四時。本日分の作業だけは確実に終わらせて冷蔵庫に入れないと肉が保《も》たない。追われるように休憩を切り上げて部屋へ戻った。

顔の剝皮には持てる限りの集中力と時間を注いだので、あの素敵なまつげまで残すことに成功した。自身の作業で唯一、納得できた部分かもしれない。天井の青白い蛍光灯が照らす机に残った剝皮後のモモは、いつかの映画で見た地球外生命体のようで少し不気味だった。再びオオクボ獣医師と状態を確認しつつ、舌を根元から引き抜き、頬肉を削り取り、首のリンパを取り除いて脂肪に覆われた顎肉を切り出す。最後に目玉がポロリと取れた。

日が沈んでいる。あとは頭から脳を取り出す作業だ。

オオクボ獣医師の指導を受けながら頭部を手鋸《てのこ》で分割していく。頭の骨は固く、どれだけ手鋸を引いても歯が進まないので気が遠くなる。骨をオオクボ獣医師に手で固定してもらい、どれほど無心で腕を動かし続けただろうか、ようやく頭頂部に約一五センチ四方の切り込みが入った。その切り込みに、恐る恐るノミを入れて骨を浮かし持ち上げると、ついにモモの脳が現れた。私の手の平に収まってしまうほど小ぶりな脳は、モモの巨体と比較すると慎ましく、か弱い。血色のいいピンクで、形状は人間と変わらなかった。この脳で、モモは一体何を考えていたんだろう。気づけば午後七時。外は真っ暗だ。血まみれのシートを取り除き、作業台や床を清掃して使用した器具を洗い、明日の作業準備を終えて部屋の電気を消した。

外は寒い。大きく息を吸うと背中にかいた汗が急速に冷えていく。足元の見えない暗闇の中、食卓の部屋だけがオレンジ色に光っている。その光に吸い寄せられて力の入らない足腰を引きずって行くと、みんなが部屋を暖かくして待ってくれていた。朝七時から集合し、作業を共にしたみんなに感謝しかなかった。ようやく来たか、とモモの頬肉のスライスが七輪の網にのせられる。焼けた炭に脂が落ちて立ち上がる白煙の中、ジリジリ、パチパチと肉が弾けている。

ついに、両面に焼き目がついたモモの頬肉とビールが差し出された。モモは一体どんな味なのかと、私の感想を待つ周囲の視線。注目を浴びる恥ずかしさを堪え、緊張しながら焼けた肉を箸で摘み、ひと呼吸してから口に入れた。

「うん、うまい！

……でも……モモじゃないかなあ…………………」

予想通り、肉は本当に美味しかった。

しつこくない脂の甘みは、柔らかく口に広がって、旨みが疲れた脳に直接響き、自然と笑みが溢れてくる。豚特有の臭みもなく、血抜きもしっかりと出来ていた。こんなにも美味しい肉に、モモは存在していなかった。「モモを食べた」感覚はなく、ただ極上の豚肉を食べた時の感想しか出てこない。

私の反応を見て、まわ

「あいつに突進されて腹が立ったか

「良いものを食べて走ってただけあるね」

「小さい頃は可愛かったのに、でかくなりすぎだ！」

屠畜を終えて談笑しながらモモを食べる夜は、すべてをやり遂げた清

優しさに包まれていた。

この時、私は救われていた。この一年間に背負っていたプレッシャーから解き放たれて、まるでモモが突然消えてしまったかのような現実に後悔もなかった。ただ、明日からモモの世話をしなくてもいいことが信じられなかった。自身や周囲の口から出てくるモモのエピソードは活き活きとしていて、目の前に生きたモモの姿が、ありありと浮かんでくる。たった数時間前の屠畜はもちろん余すことなく覚えているし、モモは死んだと理解しているはずなのに、まだどこかに隠れているだけで生きているかもしれないと思った。

それにしても、なぜ私はモモの屠畜直後からみんなと一緒に笑っていられるのだろうか。虚勢を張っているわけでもなく、どうして心の底から救われてしまっているのか。私のモモへの愛情なんて、その程度だったのだろうか。悲しくて食べられない……そんな繊細さが微塵もない自分に呆れてくる。

肉を噛みながら、一緒に坂を駆け上ったモモが柵に入った時のことを思い返した。もう随分昔

のことだった気がする。最後は祈るような賭けだった。それでも、私はモモが必ず柵に入ってくれると信じていた。モモには、そんな私の思惑のすべてを見透かされていた気がする。だから、モモが柵の中で死んだ時、初めて通じ合えたと思ってしまった。この屠畜は、私とモモの初めての共同作業だったのかも、と。

今日だけは、こんな途方もない勘違いを許して欲しい。

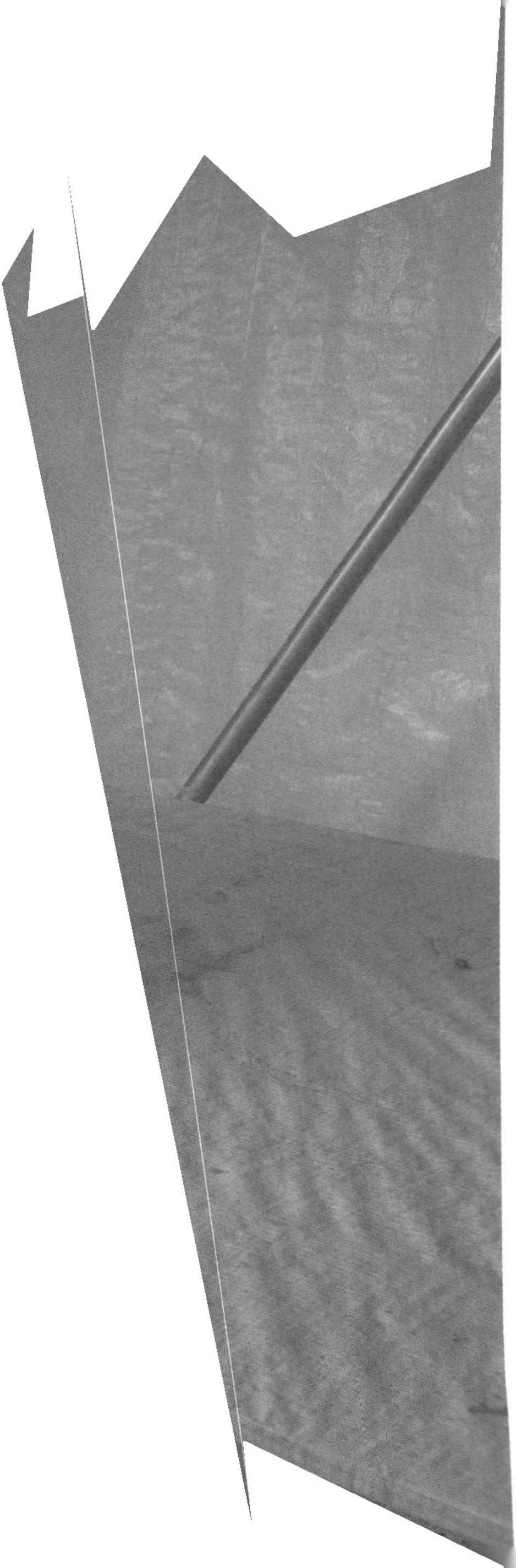

Ⅳ　それから

モモの解体から食するまでは、時間勝負だった。

解体後は、すぐに処理できない内臓や皮、骨や血液を含めたすべてを腐らせないように冷蔵、冷凍しなければならない。屠畜を終えて計測した体重は約二一〇キロで、最終的に二〇〇リットルと一〇〇リットルの業務用冷凍ストッカーを一台ずつと、氷を入れた一〇〇リットルと六〇リットルのクーラーボックスに収めた。肉の美味しさは、処理と保存状態で大きく差が出る。時間との戦いには必ず協力者が必要で、ブロック状に切り分けた肉を真空パック器で密封、部位名を書き冷凍庫に入れていく工程を手分けして行なう。一頭にも拘らず想像以上の量で、バラ肉五〇〇グラムのブロックを三個で一袋にするなど工夫しても、最終的に百袋以上。用意した冷凍庫は一瞬で埋まってしまった。貸りていた部屋の片付け、単管類の解体、清掃、レンタル機材の返却などにも追われ、この肉の整理は屠畜から三日もかかってしまった。こうしているうちに、クーラーボックスで保存していた内臓の処理を迫られる。

約二二キロあった内臓は、食してはいけないとの食品生活衛生課からのお達しにより、処分するほかなかった。この内臓を食べるなら、屠畜当日中に小腸や大腸、胃などの内側にある汚物と脂肪を洗浄処理するという、気の遠くなるツラい作業が待ち受けていた。手伝ってくれた人たちは屠畜補助だけでも疲労困憊《こんぱい》だったし、私も解体でそれどころではなかったし、食べられないことで救われた部分があった。そう自分を納得させて、内臓は加熱して土と混ぜて肥料にすることにした。大鍋で多少の塩とあわせて六時間ほど煮込むとドロドロの液体になった。正直、これは地獄絵図だった。腐敗直前で変色し始めている暗い紫色の内臓が沸騰するとブクブクと空気の振動で揺れ、徐々に奇妙な物体となって焦茶色のヘドロと化していく。

本当は膀胱くらい残したかった。明治期には氷嚢《ひょうのう》として使われていたとか、沖縄では膨らませて風船やボールとして子どもが遊んでいたと知り、使ってみたかった。でも、屠畜後の一週間は放心状態で、身体の中から追い出された自分が幽霊のように遠巻きで作業を見届ける感覚があり、ただ身体の動くままになされた問答無用の加熱処理だった。水分が飛んで完成した液体はステンレスの一斗缶にひとまず保存した。微生物のＥＭ菌と土をいれて時間をかけて発酵させれば、有機肥料になるはず。

可食部とは別の余分な脂肪は四〇キロ以上で、これも大鍋に入れて加熱してラードを抽出した。この作業には丸二日かかった。滑る脂肪をハサミとナイフで切り刻み、続々と鍋に投下して、延々と薪をくべながら、脂肪が自らの油分でカリカリに揚がるのを待つ。油煙で髪や顔はベタベタ、全身から肉のにおいがする。私自身もこんがり揚がりそうなほど大鍋の中をかき混ぜて見守り続けると、身の毛がよだつ量のラードが出来上がった。不純物を濾《こ》して冷ますと真っ白になり、陶器のような表面で美しい。料理だけでは消費しきれないので、これはいつか別の形で使うか、私の一生分の保湿クリームか石鹸になるだろう。残った油かすも、あまりに大量。これも肥料にするしかない。

血の処理は、一番苦痛をともなう作業だった。血液も口にすることを禁止されたので、これも大鍋で加熱処理して粉末状にした。およそ一〇リットルの血液から完全に水分を飛ばす作業は途方もなく、一日約六時間としても計四日はかかった。血液が煮える臭いは独特で、この蒸気を吸い込むと気道がガサガサして変な咳が止まらない。最終的に赤黒い粉末は八〇〇ミリリットルの瓶三本分になった。血の鉄分から青の顔料が作れるらしいので、いつか試してみたい。微妙に残ってしまった血液はコンクリートに混ぜてみた。古代ローマでは凍結による劣化を防ぐ方法だったらしい。出来上がった小さなキューブはミニチュアの墓石だった。

骨は、標本にするため土に埋めた。なんとなくモモが自然と一体化した気がした。その半年後に土を掘り返すと、出てきた骨は綺麗に肉や筋が分解され、土の色が少し移って茶色くくすんでいた。それにしても、一箇所にまとめて埋めたのに見当たらないパーツが多い。特にモモの脳を取り出すために割った頭の一部なんて、それなりに大きく見逃すはずないのに。後から専門の人に聞いて知ったけれど、網などに入れて埋めた方がこうした紛失が少ないらしい。スコップで土をほじりながら「モモー出ておいでー」と、声に出して呼んだ。霊感もスピリチュアルな要素も持ち合わせてないんだけれど、ちょうど探していたモモの歯が数粒出てきたので声が届いたことにした。モモの歯は虫歯だらけだった。窪みが真っ黒な歯もあって、調べてみると豚や猪は虫歯菌を持っているらしい。だから人間と同様、糖を摂取すると歯が溶けてしまう。モモは歯が痛かったのかもしれない。歯磨きとかしてあげればよかったのだろうか。歯痛のストレスで胃潰瘍になっていたとしたらどうしよう。もしも痛みから解放されたい一心で屠畜の柵に入ったのだとしたら……そんな後の祭りに肩を落としながら、骨を水洗いして天日干しにした。乾いたモモの骨は、当然だけれど見たことのあるただの骨だった。でも、バラバラにほどけた背骨の一部のパーツの断面がハートの形をしていて、モモの心は背骨にあったのかも……なんて想像しながら肉厚な背中の感触を手のひらで思い出すと、幾分か気持ちが穏やかになった。さて、どうしよう。特に頭も働かないので、ひとまず段ボール箱の中にまとめて収めた。

顔と胴体の皮の鞣《なめ》しにも時間を要した。

闇雲に業者探しをしたが、タンナー(皮革製造に関わる人たち)には断られ続けた。普通の肉豚に比べてはるかに大きいモモの皮は一七〇センチ四方で、またフサフサな毛を残したいという私の願望もあり、失敗のリスクと労力に見合わないことが理由にありそうだった。一時はタンナーへの依頼を諦めて自分でやる方法を探り、東京の都立皮革技術センターにも相談したが、機器や工程のレクチャーはコロナ禍で中止しており、個人による専用の薬剤の入手も不可能という壁がまた生じた。

冷凍保存しても見えない腐敗は始まる。地面を焼く八月の太陽が、冷凍庫の上蓋を超えてモモの皮を傷ませている気がする。いよいよ皮のコンディションが下がっていくことへの焦りが募っていた時、知人経由で革製品の会社の方からタンナーを紹介してもらった。そのタンナーは皮革産業が強い兵庫県の姫路にいた。

タンナーにメールで問い合わせると、「ちょうど広島に行く用事があるから、ついでに取りに行くよ」とフットワーク軽く百島まで来て、モモの皮を直接引き取ってくれて、スピーディーに鞣しの作業へと進んだ。鞣しには種類があるが、モモをそのまま残す方向で白鞣しを選択。白鞣しは、薬品を使わずに水、塩、菜種油のみで皮を鞣す手法で、動物本来の肌の色の革になる。姫路が白鞣し発祥の地だから引き受けてくれたのかもしれない。このタンナーさんは白鞣しを現代的にアレンジした加工でオリジナルレザーを作っていた。モモがどんな状態で鞣されるのか気になると言うと、鞣し工程を記録取材までさせてくれるという。またとない機会を逃すべからずと、すぐさま仕事を休んで製革所《せいかくしょ》がある姫路へ向かった。姫路は古くから皮革産業の伝統があって、それは平安時代まで遡り、一千年以上前に白鞣しが生産された記録が残っている。そして明治期に地場産業として発展し、現在の日本の成牛革《せいぎゅうかく》生産の約七割を兵庫県の姫路市とたつの市のタンナーが担っている。

皮革製造は被差別部落の歴史と切り離せない。屠畜場と同様、製革所は市川という二級河川の側、かつての姫路市内最大の被差別部落地域にあった。部落問題を歴史の教科書で知る世代としては、それがどれほど根の深い問題なのか身を以ては知り得ないけれど、彼らの努力と誇りによって日本の皮革製造は発展し、高い技術が残されていて、私は本当に救われている。モモの皮なめしを快諾してくれたタンナーさん、そして紹介してくれた知人と革会社の方には感謝しかない。

製革所に入ると、足元には動物の皮が積み重なっている。猪や鹿の皮は、駆除された個体のものが近隣県から送られてくるらしい。常温で置いてある皮は強い獣臭《けものしゅう》を放っていて、腐っているんじゃないかとたじろいでしまったけど、しっかりと塩漬けされているから問題ないという。こうした防腐処理が施された皮は原皮《げんぴ》と呼ばれる。そんな基本的なことを屠畜前に調べていなかった自分が恥ずかしい。作業中のタンナーさんは、テキパキと動きながら私に一つ一つ説明してくれた。ポリウレタンや塩化ビニールなどの合成樹脂で出来た合皮、サステナブルを意識したヴィーガンレザーなど革の代用品が多く生まれている中、皮革産業は時代のニーズを見ながら本革の魅力を広げるために技術発展しなければいけない。有名ファッションブランドの注文に応える上質で艶のある牛の黒いレザー、折り紙にできるほど薄くて滑らかな子牛のレザーや魚の皮で作ったユニークなレザーまで、創意工夫に満ち溢れた品々が作業台に並ぶ。その横にはドラム（またはタイコ）と呼ばれる高さ三メートルほどの木製の巨大な樽。この樽がドラム式洗濯機のごとく回転して、皮に薬剤などを浸透させていく。重厚感のあるドラムは、使い込まれて黒ずんだ木の風合いも相まって貫禄がある。カッコいい。その影に隠れて、小さなドラムがガタンガタンと音を鳴らす。モモの皮は、この直径一メートルほどのステンレス製小型ドラムの中に入っていた。これから時間をかけて専用の液体を加え、ちょうどいい硬さになるまで鞣しを調節していく工程に進んでいた。回転する内部で白く泡立った水の中を軽やかに泳ぐモモの皮を眺める。私の半年間の不安も、すべてこの水に溶けて洗われていく。ひと晩はこの状態だから明日の朝にまたおいで、と言われたので一時退散。

翌朝九時、製革所を訪れると、ドラムはまだ回転していた。私に気づいたタンナーさんは、「色々処理はあるけど鞣しはほとんど終わっているよ」とドラムを止めてモモの顔と身体の革を取り出し、横木に広げて干した。モモの顔は、額や鼻周りの毛が抜けて禿げていた。生前によく地面や柵に擦り付けていた場所だから、毛根が弱っていたのかもしれない。胴体は抜け毛もほとんどなく、本来の色も固定されている。鞣したてで水分を含んだ革は、まるでモモが生きているようだった。いや、むしろ一時的に生命の源である水が皮に宿り、モモの形を得た、という感じだろうか。後に乾いて送られてきた革は、脱皮して残された抜け殻にしか見えなかった。

こうして食べられない部分の処理が完了した。ただ、完了とは言ってもモノは残っているわけなので、これらをどうするのかは考え続けなければいけない。いくら作業しても不安の種は形を変えるだけで消えない。いっそお墓でも作って、全てを葬ってしまえたら楽なのにと思う。屠畜前はモモが残してくれるものを何かに使うことに前向きだったのに、いざ使う場面になると形が見えなくなっていた。モモの一部を作品に用いるなんて、まるでそのために育てたみたい……そんな罪悪感が毒となって頭にまわり、思考を止める。じゃあ、私の部屋にずっとしまい込んでおくのか。まだ見返せない写真や映像もそのままにして、私が死んだ時は一緒に墓へ入れるのか。それとも燃やして灰にして、海にでも撒いてしまうのか。一体どうすればいいのか、全然わからない！

＊

屠畜の処理が落ち着いたある日、私はお世話になった百島の身内を集めてモモのお肉料理を振る舞った。ロースはスライサーで薄く切ってしゃぶしゃぶに。バラ肉は三時間ほど煮込んで角煮にした。しゃぶしゃぶは、モモの多すぎる脂を適度に落として食べられるので相性が良く、野菜と一緒に食べるとよりその柔らかさと甘さを感じられる。角煮はかなり重くて、二度ほど湯こぼしし、冷やして浮かんできたラードもすべて掬い取ったのに、口の中でほどけた肉の脂が唇をテラテラと光らせる。五センチ四方を一つも食べればもう十分。そんな、ちょっと胃もたれしそうな料理だったけれど、「おいしい」と言って食べてくれる人がいると嬉しい。その言葉だけで、人は簡単に救われたりすると思う。

本当は、食べたいと思ってくれるなら誰にだって食べてもらいたかった。でも、自家用屠殺のお肉は身内を除いた不特定多数に提供や販売をしてはならなかった。何らかの病気が発生した場合にルート特定しにくいためだと食品生活衛生課からは説明され、受け入れるほかなかった。二〇〇リットルの業務用冷凍庫に溢れかえる肉なんて、いくら美味しくても毎日使おうとは思わない。私一人では一生かかっても食べきれる気がしないから、できる限り、身内に振る舞っていくしかない。そんな大量の肉を保存し続けていると、ブレーカーが落ちたり何かの弾みでコンセントが抜けたりして――と解凍されて傷む肉の姿が脳裏をよぎり、何度も冷凍庫の中を確認するようになった。マイナス二〇度でキンキンに凍った肉を見るたびに安心した。食べ物を粗末にできない強いプレッシャーは、屠畜の時に感じた責任とはまた違う、首根っこを摑まれるような息苦しさがあった。肉を食べ残してしまうと自分を責めてしまうし、肉が傷む前に食べなければと思うと食欲が失せてくる。モモだと思って肉を好きになることもできず、でも嫌いになることもできず、自身への苛立ちは一周まわって、残った肉を厄介にすら感じる。

肉にも革にも骨にもモモは存在しない。

モモと一緒にいた日々がフィクションのように思えてくる。あの幸福と苦労が、すべて私の空想の産物だったのではと疑ってしまう。お肉を食べ切ってしまった日には、完全に夢へ昇華されるのかもしれない。途端にモモを忘れてしまうことが怖くてたまらなくなった。あれだけ毎日モモの話をしていたのに、たった半年足らずでモモの名を口にすることは減ってしまい、iPhone に入った写真や動画を見ても、本当にモモがいたのか、よくわからなくなってきた。ショック療法で屠畜映像の封を解くかも迷ったけれど、まだ見る気にはなれなかった。忘れたくはないけれど、思い出したくもない。

モモの気配を残したグラウンドの小屋も、すぐに解体することができなかった。それでも、屠畜から八ヶ月が経ち、いよいよ雨風で壊れて雑草に蔽われた小屋が邪魔になり、ようやく重い腰をあげて片付け始めた。木の板を剥がして、単管で作ったフレームを解体してしまうと、あっという間にモモのいた風景はなくなった。取り残されたヒマラヤ杉の葉を揺らす十一月末の冷たい風が、一層寂しさを掻き立てた。

歯を食いしばり、無心でモモが掘り返した凸凹のある地面をならしていく。すると、のびきった雑草の中で小さなトマトが顔を出していた。トマトを食べたモモのうんちから発芽したのか。あらためてモモと出会ったような、不思議な感覚。モモとの時間が今の私と繋がっている実感を、初めて得られた瞬間だった。

そういえばモモの皮鞣しに奔走していた九月頃、百島で猪被害が急増した。これまでは山の作物が不作の時に麓《ふもと》へ降りてきて田畑を荒らすだけだった猪が、民家の近くにある耕作放棄地の茂みや半壊した空き家を棲処《すみか》にし始め、夜間には居住者のいる家の扉を突き破って屋内に侵入して食料品を食べてしまう。現に私の家も、留守にしていたひと晩のうちに裏口のアルミサッシのドアを壊され、キッチンの冷蔵庫と冷凍庫を開けられて中身を食い散らかされた。モモの逆襲だと思った。あまりの惨状に絶叫し、猪を殲滅する志を抱いて猟銃の免許を取るくらいには腹が立った。結局それ以降、その殺意を感じ取られたのか家の近くに猪は現れない。後日、島民には「島に白い猪がいる噂があるけど、モモちゃんだったりして」なんて冗談を言われた。そんな馬鹿なと笑ったけど、そんなことがあってもいいかもしれない。

トマトになったり、猪になったり、くすぐったい冗談になったりして、モモが私の日常に顔を出す。あのブブウという鳴き声が耳の奥に響いてくる。きっと、いると思えばモモはいるし、いないと思えばモモはいない。じゃあ、もう一度どこかにモモはいると思って形にしようか……そんな、ゆるやかな決意で屠畜の映像を見た。

モモは、間違いなく映像の中で死んでいた。死んでいたけれど、モモはそこにいた。だから、まずはその映像と身体の革を結びつけてみた。これを東京で展示して人目に触れさせると、モモがその場に訪れる人々と出会っては驚かし、まるで一緒に東京を旅している気分だった。ただ、もちろんその姿形に納得はできない。私の感じていたモモのすべてを捉えるのは、そんなに容易いことじゃない。これから時間をかけてモモの形を探していく羽目になると思うと、私の人生の方が足りない気がしてくる。でも、これがモモを忘れないための、唯一の祀り方に思えて心が軽い。

そうして迎えた、屠畜から一年後のモモの命日と誕生日。いつものように仕事をして、寝る前に生まれたてのモモの写真を見返して、眠れなくなって天井を見る。じわじわと涙が出てくる。幾度となく、自分にも他人にも問われる「なぜモモは死ななければならなかったのか」。その答えを自分の中に探すのは怖かった。モモが死ななければならない理由なんて、あるはずなかった。そこに理由を見出すのは、きっと人が生きやすくなるためでしかない。

でも、モモが死んだ原因は明白だった。肉を拒絶していた時期すらある私に生まれた「モモを食べてみたい」という衝動が、間違いなくモモを殺した。なぜ「食べる」という行為でモモを受け入れたいと思ったのかは、今も正直わからない。好奇心に囚われた人間の業《ごう》かもしれないし、生存本能なのかもしれない。はたまた、そんな上向きなものではなく、ある日すべてを壊してしまいたい、といった狂気が私の中で炸裂してしまったのかもしれない。何かを生み出す芸術に携わって生きていこうとする身としては、その責任の追及と暴力性に向き合い、毒をもって毒を制す決意の表れだったとも思う。

モモと名付けた家畜の命を通して見えた世界は美しかった。

誰かと代替できてしまう世界で生きるよりも、あなたしかいないと言える世界で生きていきたい。貨幣価値に代え難いものであって欲しい。そんな青臭い理想の先に待ち構えていた不条理。モモを思えば思うほど吐き気がする現実を経て、最後に悲しみを通り越してしまうような救いをもたらした屠畜。だからこそ後悔する隙間もないほど残されたモノは多く、大きくて、一生モモと付き合っていく覚悟が私には要るんだと悟り、目を閉じた。

それから瞬く間に半年が経ち、九月になって、モモの屋根になってくれていたヒマラヤ杉が立ち枯れしていることに気がついた。青々と緑広がるグラウンドで、二〇メートルを超えるヒマラヤ杉だけが丸裸だった。枯れた大木を放置すると危険なので、すぐに造園業者を呼んで倒木することになった。チェーンソーで根元に深く切り込みを入れられた太い幹は、重機で引っ張られるとミシミシと大きな音を立て、いとも簡単に、その身を地面に叩きつけた。衝撃で舞う粉塵が倒れた木を包み込む。枯れた理由が知りたくて切り株を見ると、中身がスカスカだった。菌か虫にやられたんだろう、と造園業者は言った。年輪を数えると、およそ六〇年。大木は、その死が表面に現れるまで時間がかかるという。もしかすると、モモがいた頃からヒマラヤ杉は死んでいたのかもしれない。いやでも、まさか、モモの排泄物が木にダメージを与えてしまったとしたら……。私が百島にモモを連れてきたせいで、ヒマラヤ杉が死んだのではないか。憂鬱な憶測が次から次に湧いていてもたってもいられず、幹を切り刻む準備をしていた業者に声をかけ、この木の根元でモモを育てていたことを話した。

「あはは、豚一頭のおしっこやうんちくらいじゃ大きい木は枯れないよ。ところで、その豚は今どこにいるの？」

「えっと……もう、いないんです」

「え？　まさか食べちゃったの？」

「そうなんです」

「えー、すっげー。よく食べられたね。豚、見たかったなあ。また飼わないの？」

「うーん。もう飼わないかなあ………大変ですもん」

「そっかそっか。そりゃ残念」

そう、造園業者は私を見て笑い、視線を落としてチェーンソーのエンジンをかけた。

あとがき

今日はモモが生まれてから四回目の三月二十七日。

この日付を本の発行日にしたくて仕事の合間を縫っては執筆を進めてきましたが、専門ではない物書き作業は揺れ動く思念で加筆修正を繰り返し、背伸びするなと頭を叩くたびに後ろへ倒れてしまったスケジュール。当然のように校了が間に合うことはなく、今日という日を迎えてしまいました。仕方がないので、あとがきだけでも書こうと筆をとりました。

あれからもう三年が経ったという実感は、あるような、ないような、正直どっちでもいいような、でも忘れているわけでもなく、ただモモに顔向けできるように生きねばというか、あの時間を失ってやるもんかと粘る根性を支えるための筋肉を、どうにか衰えさせないように踏ん張っている感じです。

この三年で、最大の社会背景だった新型コロナウイルスはニュースから姿を消し、ようやく世界が回復に向けて落ち着きを取り戻そうとしていると思いきや、終わりの見えないロシアのウクライナ侵攻、そしてイスラエルとパレスチナのハマスによるガザ戦争で、市民が惨《むご》たらしい犠牲になっている報道に埋めつくされてしまいました。この世の終わりに向かって全力疾走していく人類という役を降りてしまいたいと現実逃避するのにも疲れ、目の前の幸せを噛み締めるしかないかとお酒を飲みながらモモの肉を食べていたら、いよいよ残りの冷凍ブロック肉は指折り数えられるほどになりました。全部を食べてしまった日にはモモが夢になってしまう。そう恐れた以前の私と変わらず、やっぱり食べ切りたくないなと思っている自分がいます。かといって、いくら保存に徹しても永久に残しておけるわけではないし、食べ物をあえて残しておく意味は何かと、自問自答は続きそうです。そうやって時間の変化と自分の行動の意味を考えていると、メメント・モモをやろうと決意した根本には、幼少から高校生までをともに過ごした祖母の存在がありました。

祖母は現在百三歳。三十一の私には曾祖母でもおかしくない年齢で、幼い頃は同級生と比較して「なんでわたしのおばあちゃんだけ、こんなに年寄りなんじゃろう」と首を傾げていました。いつも穏やかなのに怒ると本当に厳しい人で、眼鏡の奥から覗く鋭い眼光、への字に曲がった口元、「行儀が悪い」と細く骨張った手で膝を叩かれ、「下品なバラエティ番組なんて見るんじゃない」とテレビを消された記憶があります。私が学校から帰ってボリボリとお菓子を食べていると戦争体験を口にして、涙を浮かべながら「今の時代は平和で恵まれとるんよ」と繰り返しました。これを鬱陶しく思い、自分の部屋へ逃げていたあの頃の私はとにかく田舎を出たくて、両親に無理を言って美術大学を受験して上京。大都会東京に降り立った二時間後に起きた東日本大震災。

横揺れでぐにゃぐにゃと揺れる電柱とマンションから雪崩になって逃げ出す人々の悲鳴。夜まで続く余震と停電の暗闇の中、家具もカーテンもない部屋に一つ敷いた布団にもぐって携帯のテレビで見た津波の映像。この幸先の悪さで念願の一人暮らしは不安の一色に染まり、いつからか、遠くにいる祖母の死を想像して泣くようになりました。祖母の死が自分の人生を壊してしまうほどの強烈な悲しみになるのではと恐れ、じわじわと迫りくる死の予感を振り払おうと、帰省する度に祖母の写真を撮っては言葉を録音し始めました。戦時中や原爆の話は幼い頃から幾度も聞いていたはずが、私も成長したのか、悲惨な光景や苦労を頭で描けて、祖母の涙に引っ張られるように一緒になって泣いたこともありました。

その時のことは、今でも良く覚えています。本当に、心の底から悔しかった。ああ、なんで私の涙には重さがないんだろう。なんで祖母とは違う涙なんだろう。私は祖母の苦しみをほんの少しも感じることが出来ない。親を失ったこともなければ飢えたこともなく、戦争に巻き込まれたことも被爆したこともないのだから、当然なのかもしれない。でも、どうすれば目の前で泣く祖母の苦しみに近づけるのか。どうしたら祖母の死を受け止められるようになるのか。それを考えた末に辿りついたのがメメント・モモだとしたら、祖母は昔のように私を叱るかな。

気づけば恥ずかしいほど自分の過去を掘り下げることになってしまったメメント・モモ。出版のきっかけは二年前の春で、写真家でジャーナリストの都築響一さんが、自身の発行するメールマガジン「ロードサイダーズ・ウィークリー」でSNSの記録の一部を抜粋した特集をしてくださって、それを読んだ幻戯書房の編集の方から、日記をベースに加筆した本を作りませんかとお話をいただきました。そもそも話がうまければ苦労してないんだよと、言葉で失敗してきた身としては予期していなかった展開で、自分の口に手を突っ込んでは語彙を引っ張り出すのに苦労しました。でも、屠畜した日に「これ以上は書けない。ここまでくると、SNSは少し軽すぎる」と記したきり残すことができなかった、あの時の心の内と向き合う、またとない機会になりました。

情報を広くタイムリーに共有できるSNSは、見知らぬ誰かと共にモモの成長を追いかけることができる面白さと心強さがあった反面、そのスピードによって簡単に消費されてしまう経験の軽さには抵抗がありました。広告や第三者の存在がちらつく、インターネット上の定型化されたデザインに包まれて、メメント・モモが「情報」扱いされてしまうことが嫌でした。どのような時間と空間を受け手に設定するかによって、物事が伝わる深度は変化してしまいます。芸術表現がなんたるや、まだ語れるほど洗練された身ではないですが、「生と死」という普遍的かつ重要なテーマを扱っているからこそ、そうした点に気を配る必要性を感じました。それが今、この本に繋がっているので、あの時の違和感を無視せず立ち止まって良かったと思っています。

そんな、まだ駆け出しの私の挑戦を「やり始めた事は最後までやりきれ」と後押しをして全面的に応援してくれた柳幸典さんをはじめ、私の足りない部分をすべて補いフォローし続けてくれた木村奈央さん、時折の私のパニックに冷静な手を差し伸べてくれた西尾祐馬さん、「私は食べられない」と素直な気持ちを持ちながら見守り続けてくれた童槙清さん、屠畜を手伝ってくれた呉胤鋒さん、池永朱里さん、佐藤浩二さん、現場をサポートしてくれた仁科博子さん、三木久里さん、花田真里さん、長丁場の屠畜撮影に付き合っていただいた泉山朗士さんと大森崇史さん。モモのために沢山の食糧を持ってきてくれた、ここに書ききれないほど多くの島民のみなさんと、はるばる島を訪ねてくれた友人たち。そして、私とモモを出会わせてくれた瀬戸牧場の小林太一さんとスタッフのみなさん、屠畜解体をサポートしてくれた大久保光晴さんと藤原雅俊さんがいなければ、決して得られることのできなかった経験でした。この場をお借りして、多大なる迷惑をかけてしまったことへの謝罪と、持てる限りの感謝をお伝えできればと思います。本当にありがとうございました。

最後に、メメント・モモを本にしたいと声をかけてくださり、私のたどたどしい執筆を常に励まして面倒を見てくださった編集者の田口博さん、大幅な修正を整えてくださった組版者の佐藤英子さん、校閲者の望月正俊さん、モモの写真から素敵な装丁を仕上げてくださった緒方修一さんのお陰で、モモが本という新たな肉体を得ることができました。これを読めば何度でもモモに会えて、何度だって感謝することができます。モモ、ありがとう。

これから多くの人とモモが出会っていくことを願って、今日を終えたいと思います。

二〇二四年三月二十七日

八島良子

二〇二四年六月十四日、百四歳で祖母はこの世を去りました。この本を見せることは叶いませんでした。

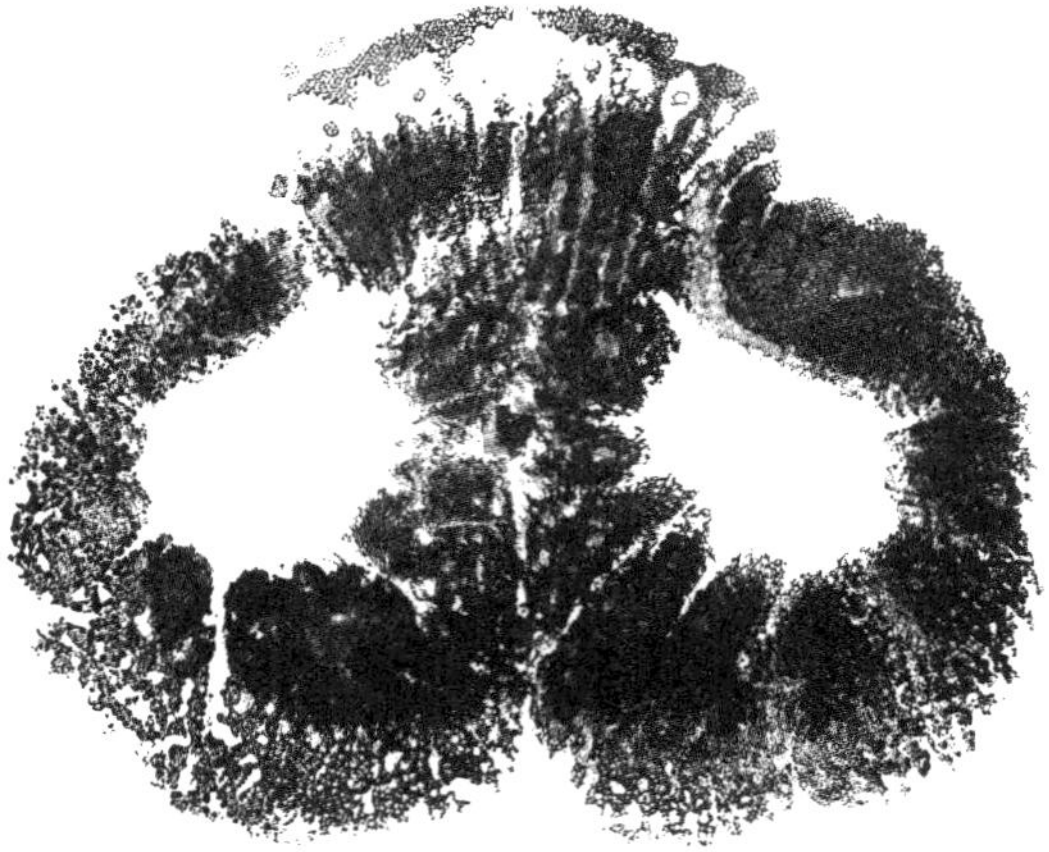

八島良子（やしま・りょうこ）

1993年広島県生まれ。武蔵野美術大学造形学部空間演出デザイン学科卒業。2017年より広島県尾道市の離島・百島にあるアートセンター「NPO法人 ART BASE 百島」の企画運営を行ないながら経験や痛みと向き合う新たな表現を探している。三菱ケミカルジュニアデザインアワード2015都築響一賞、茂木健一郎賞、第19回文化庁メディア芸術祭アート部門審査委員会推薦作品、ARTISTS' FAIR KYOTO 2023 マイナビ ART AWARD 優秀賞。

メメント・モモ
豚を育て、屠畜して、食べて、それから

二〇二四年九月二十七日　第一刷発行
二〇二五年五月二十七日　第二刷発行

著　者　八島良子
発行者　田尻　勉
発行所　幻戯書房
郵便番号一〇一‐〇〇五二
東京都千代田区神田小川町三‐十二
電　話　〇三‐五二八三‐三九三四
ＦＡＸ　〇三‐五二八三‐三九三五
ＵＲＬ　http://www.genki-shobou.co.jp/

印刷・製本　中央精版印刷

落丁本・乱丁本はお取り替えいたします。
本書の無断複写・複製・転載を禁じます。
定価はカバーの裏側に表示してあります。

©Ryoko Yashima 2024, Printed in Japan
ISBN978-4-86488-306-1　C0095

少し湿った場所　稲葉真弓

水のにおいに体がなじむのだ——2014年８月、著者は最期の床であとがきをつづり、逝った。猫との暮らし、住んだ町、故郷、思い出の本、四季の手ざわり、そして、「半島」のこと。循環という漂泊の運命のなかに、その全人生をふりかえった、単行本未収録随想集。愛蔵版。　2,300円

かきがら　小池昌代

午後四時に家にいる男がいたら、女にこれから殺されるか、すでに死んでいるかのどちらかだ——都市の、この世の、崩壊の音。富士が裂けた。電線のカラスが道にボトボト落下した。雨みたいにばらばらと人の死が降った。生き残った者は、ツルツルの肌を持つあのひとたちに奉仕した……パンデミック後の光景、時の層を描く小説7篇。　2,400円

黒猫のひたい　井坂洋子

深く、深く眠れる日々を——「私たちは無垢なものに触れていないと生きてはいけないが、それらを守っているのだろうか。私たちのほうが逆に、草木や小動物や赤ん坊や死者や詩や音楽の、非力な力に守られている」。ちいさな闇のなかの居場所とは。「深夜の赤ん坊」「ルナカレンダー」「平塚らいてうの声」ほか単行本未収録随想集。　2,500円

父を葬《おく》る　髙山文彦

あの世とは、いいところらしい。逝ったきり、誰も帰ってこない。——看取り、看取られるすべての人に贈る、宮崎・高千穂の土俗を舞台に描く血と救済の物語。渾身の書き下ろし。「父を喪う故郷は、山脈の見えない草原を行くようだ。私はボタンを押す。父は灰になる。燃えろ、父。燃えろ、母。燃えろ、自分。燃えろ、弟。燃えろ。燃えろ。」　1,900円

終着駅は宇宙ステーション　難波田史男

1974年、32歳の若き画家は、瀬戸内海で逝った……。60-70年代を駈け抜け、2000点余の絵を描き夭逝した、今なお愛される画家の遺稿——未公開日記、スケッチブックなど50冊を超える一次資料より、その芸術の核心に迫る。瀧口修造による追悼詩ほか図版300点超を収録した愛蔵版。川上未映子氏絶賛。　4,200円

過去への旅　チェス奇譚　シュテファン・ツヴァイク　杉山有紀子訳

ルリユール叢書　何ものへも導くことのない思考、何も算出しない数学、作品のない芸術、実体のない建築、そしてそれゆえにこそ、疑う余地なくそのありようと現存性において、どんな書物や芸術作品よりも永続的である……〈内的自由〉の思想を映した二つの傑作中篇。　2,400円

幻戯書房の好評既刊（税別）